Simone Isenberg

HUNDE-SPRECHSTUNDE

Simone Isenberg

HUNDE-SPRECHSTUNDE

Alles über Krankheiten, Fellpflege und Ernährung

So bleibt Ihr Hund gesund

mvgverlag

Bibliografische Information der Deutschen Nationalbibliothek
Die Deutsche Nationalbibliothek verzeichnet diese Publikation in der Deutschen Nationalbibliografie. Detaillierte bibliografische Daten sind im Internet über http://dnb.d-nb.de abrufbar.

Für Fragen und Anregungen
info@mvg-verlag.de

Wichtiger Hinweis
Dieses Buch ist für Lernzwecke gedacht. Es stellt keinen Ersatz für eine individuelle medizinische Beratung dar und sollte auch nicht als solcher benutzt werden. Wenn Sie medizinischen Rat einholen wollen, konsultieren Sie bitte einen qualifizierten Tierarzt. Der Verlag und die Autorin haften für keine nachteiligen Auswirkungen, die in einem direkten oder indirekten Zusammenhang mit den Informationen stehen, die in diesem Buch enthalten sind.

Die gewählte männliche Form bezieht sich immer zugleich auf weibliche, männliche und diverse Personen. Auf konsequente Mehrfachbezeichnung wurde aufgrund besserer Lesbarkeit verzichtet.

Originalausgabe
1. Auflage 2022

Türkenstraße 89
D-80799 München
Tel.: 089 651285-0
Fax: 089 652096

Redaktion: Anja Hilgarth
Umschlaggestaltung: Sonja Vallant
Umschlagabbildungen: shutterstock/BIGANDT.COM; shutterstock/el-ka
Layout: Sonja Vallant
Satz: Röser MEDIA GmbH & Co. KG, Karlsruhe
Druck: Firmengruppe APPL, aprinta Druck, Wemding
Printed in Germany

ISBN Print 978-3-7474-0426-3
ISBN E-Book (PDF) 978-3-96121-816-5
ISBN E-Book (EPUB, Mobi) 978-3-96121-815-8

Wir produzieren nachhaltig
www.m-vg.de

Weitere Informationen zum Verlag finden Sie unter
www.mvg-verlag.de
Beachten Sie auch unsere weiteren Verlage unter www.m-vg.de

Inhalt

Vorwort 13

Einleitung 14

Rund um die Vorsorge und Fürsorge deines Hundes 17

Was du selbst zu Hause tun kannst 19

Eine Hunde-Hausapotheke einrichten 19

Auf Anzeichen für Schmerz achten 20

Der Besuch beim Tierarzt 22

Der Check-up 22

Untersuchungsmethoden 23

EXKURS: Das Blut 29

Impfungen 32

Medikamente 35

EXKURS: Die Lebensphasen des Hundes 36

Gesundheitswissen – dein Hund von der Nase bis zur Schwanzspitze 45

Die Nase 47

Allgemeine Infos zur Hundenase 47
Erstaunliches zur Hundenase 47

Krankheiten und Auffälligkeiten der Hundenase 51
Fremdkörper im Nasenloch 51
Zu feuchte und zu trockene Nasen 52
Schnupfen 53
Nasenbluten 54

Die Maulhöhle 56

Allgemeine Infos zum Hundegebiss 56
Milchzähne und bleibende Zähne 56
Zähneputzen 60
Gebissarten 61

Krankheiten und Auffälligkeiten der Maulhöhle 63
Fremdkörper im Rachen 63
Infektionen des Rachens 64
Hecheln 65

Die Augen 67

Allgemeine Infos zum Hundeauge 67
Wie Hunde sehen 68
Besonderheiten des Hundeauges 70

Krankheiten und Auffälligkeiten des Hundeauges 72
Fremdkörper im Auge 72
Akute Bindehautentzündung 72

Konjunktivitis follicularis 73
Zu trockenes Auge 74
Grauer Star/Katarakt 75

Die Ohren 78

Allgemeine Infos zum Hundeohr 79
Die Pflege der Hundeohren 80

Krankheiten und Auffälligkeiten des Hundeohrs 81
Ohrentzündungen 81
Fremdkörper im Ohr 83

Das Gehirn 85

Allgemeine Infos zum Hundegehirn 85

Krankheiten und Auffälligkeiten des Hundegehirns 85
Epilepsie 85
Hirnhautentzündung – Meningitis 90

Die Lunge 92

Allgemeine Infos zur Hundelunge 93

Krankheiten und Auffälligkeiten der Hundelunge 94
Fremdkörper in der Lunge 94
Infektionen der Atemwege durch Bakterien und Viren 96
Lungenentzündung 96
Lungenwürmer 97
Lungenfibrose 97

Pneumothorax ... 98
Lungentumor ... 99

Das Herz ... 102

Allgemeine Infos zum Hundeherz ... 102

Krankheiten und Auffälligkeiten des Hundeherzens ... 104
Angeborene Herzfehler ... 104
Herzklappenerkrankung ... 106
Dilatative Kardiomyopathie (DCM) ... 107
Erguss des Herzbeutels ... 108
Herzwürmer ... 108

Die Leber ... 110

Allgemeine Infos zur Hundeleber ... 110

Krankheiten und Auffälligkeiten der Hundeleber ... 110
Shunt ... 110
Leberentzündungen ... 112
Lebertumor ... 112

Die Milz ... 114

Allgemeine Infos zur Hundemilz ... 114

Krankheiten und Auffälligkeiten der Hundemilz ... 115
Milztumor ... 115

Der Magen-Darm-Trakt 117

Allgemeine Infos zum Magen-Darm-Trakt des Hundes 117

Krankheiten und Auffälligkeiten des Hunde-Magen-Darm-Trakts 120
- Durchfall 120
- Fremdkörper im Magen-Darm-Trakt/Vergiftung 120
- Vergiftung durch Rattengift 124
- Parasiten 127
- Futtermittelunverträglichkeiten 129
- Virusinfektion: Parvovirose 131
- Magendrehung 132
- Verstopfte Analdrüsen 134
- Nervöser Magen 135

Die Niere 139

Allgemeine Infos zur Hundeniere 139

Krankheiten und Auffälligkeiten der Hundeniere 140
- Leptospirose 141
- Chronische Niereninsuffizienz 142

Die Nebenniere 144

Allgemeine Infos zur Nebenniere des Hundes 144

Krankheiten und Auffälligkeiten der Nebenniere des Hundes 144
- Überfunktion (Cushing-Syndrom) 144
- Unterfunktion (Addison) 145

Die Bauchspeicheldrüse 147

Allgemeine Infos zur Bauchspeicheldrüse des Hundes 147

Krankheiten und Auffälligkeiten der Bauchspeicheldrüse des Hundes 148

Diabetes mellitus 148

Bauchspeicheldrüsentumor (Insulinom) 150

Exokrine Pankreasinsuffizienz 152

Pankreatitis 153

Die Schilddrüse 155

Allgemeine Infos zur Hundeschilddrüse 155

Krankheiten und Auffälligkeiten der Hundeschilddrüse 155

Unterfunktion der Schilddrüse 155

Überfunktion der Schilddrüse 156

Die Geschlechtsorgane 157

Allgemeine Infos zu den Geschlechtsorganen der Hündin 157

Beginn der Geschlechtsreife – Läufigkeit 157

Trächtigkeit 158

Geburt 160

Kastration 161

Scheinträchtigkeit 164

Krankheiten und Auffälligkeiten der Geschlechtsorgane der Hündin 165

Juvenile Vaginitis 165

Gebärmutterentzündung (Pyometra) 165

Gesäugetumoren 166

Allgemeine Infos zu den Geschlechtsorganen des Rüden 167
Kastration 167

Krankheiten und Auffälligkeiten der Geschlechtsorgane des Rüden 169
Vorhautentzündung (Präputialkatarrh) 169
Hodentumoren 170
Kryptorchismus 170
Vergrößerte Prostata (Hyperplasie) 171

Die Rute 173

Allgemeine Infos zur Rute des Hundes 173

Krankheiten und Auffälligkeiten der Rute 174
Die Wasserrute 174

Haut und Fell 176

Allgemeine Infos zu Haut und Fell des Hundes 176
Fellarten und Fellpflege 177
Die Hautschichten 181
Schweißdrüsen 183
Krallen und Ballen 184

Krankheiten und Auffälligkeiten der Haut und des Fells beim Hund 185
Ektoparasiten 186
Allergien 189
Hotspot 193
Lipome 193
Insektenstiche 194
Verletzungen der Ballen 195
Krallenabriss 196

Bissverletzungen 196
Systemische lupoide Onichodystrophie (SOD) 197

Der Bewegungsapparat 199

Allgemeine Infos zum Bewegungsapparat des Hundes 199

Krankheiten und Auffälligkeiten des Bewegungsapparats des Hundes 202
Arthrose 203
Erkrankung des Kniegelenks (Patellaluxation) 206
Knochenbrüche 207
Knochentumoren 207
Übergewicht (Adipositas) 210
Zwei einfache Übungen, die deinem Hund Spaß und Bewegung bringen 213

Infektionskrankheiten 215

Zu guter Letzt 217

Die Autorin 219

Bildnachweise 220

Stichwortverzeichnis 221

Vorwort

Als Simone mir von ihrer Idee zu diesem Buch über die Gesundheit unserer Vierbeiner erzählte und mich fragte, ob ich sie dabei unterstützen und beraten möchte, war ich schnell überzeugt. Mir als Tierärztin ist völlig klar, dass es für Hundebesitzer manchmal schwer ist, medizinische Sachverhalte nachzuvollziehen, und dass dadurch die Sorgen um ihre Hunde nicht unbedingt kleiner werden. In unserer Praxis versuchen wir, möglichst viel und verständlich zu erklären, aber durch die Aufregung, die Sorge um den Patienten und noch vieles mehr behalten Herrchen und Frauchen oft nicht alles, was wir ihnen zum Krankheitsbild ihres Lieblings erklären.

Vielleicht kann dieses Buch diese Lücke schließen und dem einen oder anderen eine Hilfestellung sein, medizinische Fragen und Zusammenhänge leichter zu verstehen, aufmerksam zu sein, wenn es um die Gesundheit unserer Fellnasen geht, aber auch einfach das medizinische Interesse zu befriedigen und Zusammenhänge aufzuzeigen.

Dieses Buch ist kein medizinisches Fachbuch, und es erhebt keinen Anspruch auf Vollständigkeit, aber ich denke, dass es Hundehaltern helfen kann, einen guten Einblick in die wichtigsten Themen der Kleintiermedizin zu bekommen. Es kann auch helfen, zu verstehen, warum wir Tierärzte oft sagen »Es kann sein, dass es Erkrankung XY ist« und nicht »Das ist auf jeden Fall dieses oder jenes«, denn Medizin ist nun mal komplex, und viele Symptome können ganz unterschiedliche Ursachen haben. Wir haben es mit Patienten zu tun, die nicht mit uns sprechen, deshalb müssen wir gerade in der inneren Medizin oft wie Detektive kleine Puzzleteile zusammensetzen (in unserem Fall Befunde), um zur Diagnose zu kommen und den Fellnasen helfen zu können. Das ist ja das Reizvolle an unserem Beruf.

In diesem Sinne wünsche ich allen Hundebesitzern eine bereichernde Lektüre, damit sie im Alltag immer ein wachsames Auge auf die Gesundheit ihrer Vierbeiner haben.

Deine Stefanie Kruppke

Einleitung

Bei vielen meiner Kunden hinterlässt der Besuch beim Tierarzt oft nur ein großes Fragezeichen. Wenn ich wissen will, was ihr Hund hat, können sie es mir nicht sagen, weil sie die Fachsprache des Tierarztes nicht wirklich verstanden haben.

Ich selbst bin nicht nur Hundetrainerin, sondern auch Physiotherapeutin, was sich schon oft als ideale Kombination erwiesen hat. So fällt es mir leicht, die Sprache der Ärzte zu verstehen. Meine Kunden aber schalten oft nach wenigen Sätzen ab, weil ihnen das Fachwissen fehlt und sie den Worten des Arztes daher nicht folgen können.

Mit diesem Buch möchte ich die komplizierte Fachsprache für dich übersetzen und dir so einen einfachen Zugang zu den wichtigsten Fragen rund um die Gesundheit deines Hundes ermöglichen.

Außerdem kursieren viele Gerüchte und Halbwahrheiten um die Gesundheit unserer Hunde. Manche dieser Halbwahrheiten sind ungefährlich, manche aber sind für unsere geliebten Fellnasen sehr ungesund. Mit diesem Buch habe ich die Chance bekommen, aktiv das richtige Gesundheitswissen aufzuschreiben und somit zum Wohl unserer Vierbeiner beitragen zu können.

Meine Tierärztin Stefanie Kruppke hat mich bei diesem Buch eng begleitet. Sie hat mir haarklein erklärt, was in dem Körper unserer Lieblinge so vor sich geht, und kontrolliert, ob ich das alles auch richtig aufgeschrieben habe. Ich habe viele Aha-Erlebnisse gehabt und so einiges aus den Lehrstunden mit ihr mitgenommen. Und ich kann dir sagen: Jede dieser Lehrstunden hat meine Faszination für den besten Freund des Menschen gesteigert. Die Faszination für das Wunderwerk Hundekörper. Unsere Hunde sind absolut genial konzipierte Geschöpfe, und sie sind es wert, dass wir ihnen die beste gesundheitliche Versorgung zukommen lassen, die möglich und nötig ist. Und dafür möchte ich dich, liebe Leserin, lieber Leser, begeistern.

Beim Teil »Bewegungsapparat« habe ich mir einen weiteren Profi an die Seite geholt: die Hunde-Physiotherapeutin Katrin Blümchen. Sie hat meine Texte kritisch und kreativ überwacht und liebevoll korrigiert.

Durch diese vereinte Frauenpower ist ein Buch entstanden, das dich in allen Fragen rund um die Gesundheit deines Hundes unterstützt. Es gibt dir auf einfache, verständliche Weise hilfreiches Wissen für alle Themen – von der Schnauze bis zum Schwanz – an die Hand, und ich hoffe, dass dieses Buch daher auf großes Interesse stößt.

Für unsere Zuckerschnuten, unsere Fellnasen und kleinen Racker, für unsere allergrößten Schätze – denn sie sind es, die unseren Tag schöner machen. Sie sind es, die uns ein Lächeln auf die Lippen zaubern, wenn wir sie ansehen. Sie bringen uns zum Lachen und zum Weinen, sie machen unser Leben lebendig. Sie begegnen uns in der Tiefe unseres Herzens.

Deine Simone Isenberg

Autorin Simone Isenberg, Tierärztin Stefanie Kruppke und Mable

P.S. Der Einfachheit halber fasse ich im Buch die weibliche und männliche Form, zum Beispiel Tierärztin und Tierarzt oder Hundebesitzerin und Hundebesitzer, zur jeweils männlichen Form zusammen. Es sind natürlich immer alle Geschlechter gemeint.

Rund um die Vorsorge und Fürsorge deines Hundes

Am liebsten wäre uns Hundebesitzern ja, dass unsere Hunde in ihrem ganzen Hundeleben gar keinen Tierarzt bräuchten. Dann wären sie immer gesund und würden eines Tages, nach einem langen, glücklichen Leben, sanft einschlafen. So wäre zumindest mein Traum. Wenn es meiner Golden-Retriever-Dame Mable nicht gut geht, leide ich fürchterlich mit und möchte sie vor allen Schmerzen bewahren. Das geht natürlich nicht, das ist nicht realistisch, ich weiß, ich weiß … Aber wir Hundebesitzer können einiges dafür tun, dass unsere Hunde nur selten zum Tierarzt müssen, indem wir eine gute Vorsorge betreiben.

Dazu gehören so ganz alltägliche Dinge wie den Hund beobachten, Zähne putzen und dabei Zähne auch anschauen, Bürsten und dabei den ganzen Hund mal anschauen, ausreichend Bewegung, nahrhaftes Futter und möglichst wenig Fast-Food-Leckereien, im Winter Pfotenschutz vor dem Streusalz, gymnastizierende Tricks und Stress am besten nur in geringem Maße. Ganz wichtig ist es, die Körpersprache der Hunde zu verstehen und somit auch Anzeichen für Schmerzen und Unwohlsein zu erkennen, wenn das dann doch mal der Fall sein sollte.

Immer und in Perfektion bekommen wir Hundebesitzer das bestimmt nicht hin, aber wir tun unser Möglichstes, und das aus tiefstem Herzen, lieben wir doch unsere Hunde alle miteinander wie verrückt.

Im Laufe des Buches gehe ich auf die oben genannten Punkte weiter ein. Hinzu kommt eine sinnvolle Vorsorge. Dazu gehören Impfungen, Wurmkuren, Parasiten-Prophylaxe und der Check-up beim Tierarzt, alles in sinnvoller Dosierung. Ich bin zum Beispiel oft in Spanien. Für diese Zeit bekommt Mable eine Prophylaxe gegen die dortigen Parasiten, die schlimme Krankheiten wie zum Beispiel die Leishmaniose übertragen können. Die Prophylaxe ist also ganz individuell und sollte mit dem Tierarzt besprochen werden.

Was du selbst zu Hause tun kannst

Es gibt eine ganze Reihe an Dingen, die du selbst zu Hause tun kannst, um für die Gesundheit deines Vierbeiners zu sorgen. Die wichtigsten stelle ich dir hier vor.

Eine Hunde-Hausapotheke einrichten

Es ist meiner Erfahrung nach wichtig, eine kleine Hausapotheke auch für den Hund im Haus zu haben. Man spart dadurch bei Kleinigkeiten die Fahrt zum Tierarzt oder kann die Zeit überbrücken, bis man beim Tierarzt angekommen ist und der Hund versorgt werden kann, wenn Schlimmeres passiert ist.

In die Hausapotheke gehört Folgendes:

- **Hilfswerkzeuge:** Zeckenzange, Fieberthermometer, Pinzette, Einmalhandschuhe, abgerundete Schere, Taschenlampe
- **Verband und Schutz:** nicht brennendes Desinfektionsmittel zur Desinfektion von Wunden, Wundsalbe, Hundeschuh oder Kindersocken als Pfotenschutz, Verbandsmaterial (als fertiges Paket erhältlich)
- **Medikamente** (auf jeden Fall in Absprache mit dem Tierarzt und auf keinen Fall Ibuprofen): bei Durchfall Kohletabletten, Ohrreiniger, Augenreiniger, Schmerzmittel für Hunde. Bitte spare hier nicht am falschen Ende, sondern entsorge die Medikamente nach dem Ablaufdatum.

Tierärztin Steffi und ich bieten gemeinsam »Erste Hilfe am Hund«-Abende an. Hier zeigen wir, wie du dem Hund die Zecken entfernst, einen Verband anlegst, den Puls fühlst und einiges mehr. Wenn du die Möglichkeit hast, solche Veranstaltungen zu besuchen, dann lohnt sich das auf jeden Fall. Wenn nicht, dann kannst du dir sicher einiges von deinem Tierarzt zeigen lassen. Ich erkläre dir in den entsprechenden Kapiteln ebenfalls die Anwendung und worauf du achten solltest, zum Beispiel beim Entfernen von Zecken, dass du sie rausdrehst und nicht einfach rausziehst.

Auf Anzeichen für Schmerz achten

Hunde können uns nicht sagen, wie es ihnen geht. Deswegen ist es wichtig, dass wir sie gut kennen. Dann erkennen wir auch Verhaltensänderungen, bemerken, wenn sie »irgendwie anders« sind als normalerweise.

Ist dein Hund zum Beispiel ruhiger als sonst? Will er gar nicht so richtig aus seinem Körbchen aufstehen? Oder genau andersherum: Will er ständig raus? Ist er unruhig, findet keine Ruhe? Jault er oder hechelt er ganz viel? Frisst er schlecht oder gar nicht mehr? Leckt er sich immer wieder an derselben Stelle? Wälzt und schubbert er sich auffällig oft? Ist er kopfscheu? Will er sich nicht anfassen, nicht mal streicheln lassen? Oder will er sich nur an bestimmten Stellen nicht anfassen lassen? Das können alles Anzeichen für Unwohlsein oder Schmerz sein.

Wenn es deinem Hund nicht gut geht, ist das Wichtigste, dass du das auch erkennst. Beobachte deinen Hund also im Alltag gut, damit du feststellen kannst, wenn er sich anders verhält als sonst. Wenn ein Hund beispielsweise in der Bewegung aufjault und danach lahmt, dann ist sein Schmerz sehr deutlich. Dann ist klar: ab zum Tierarzt! Aber oft sind die Schmerzen deines Hundes nicht so deutlich sichtbar, du merkst nur, dass er irgendwie anders ist als sonst.

Hunde haben keinen Ausdruck für chronische Schmerzen. Sie jammern und jaulen nicht den ganzen Tag, wie wir Menschen das tun können. Sie ziehen sich dann eher zurück, wollen sich nicht mehr bewegen, nicht mehr fressen, vielleicht nicht einmal mehr trinken.

Schreibe dir alles, was du beobachtest, genau auf. Je detaillierter du deinem Tierarzt die Symptome und wann sie auftreten schildern kannst, desto besser kann er helfen. Und miss Fieber; die Temperatur kann ein guter Hinweis auf das Befinden deines Hundes sein.

Gut zu wissen: Fieber messen beim Hund

Ich erinnere mich an das Fiebermessen meiner Kindertage, da kam das Fieberthermometer in meinen Mund. Das geht beim Hund nicht, denn der würde nicht stillhalten und das Thermometer würde wahrscheinlich ein schreckliches Schicksal erleiden. Entweder würde es schnell wieder ausgespuckt, dann käme das Thermometer nochmal lediglich feucht davon, oder es würde zerkaut und wäre damit hinüber, das gute Stück. Also muss es an der anderen Seite des Hundes hinein, in den After. Es gibt moderne Thermometer, die innerhalb von wenigen Sekunden die Temperatur messen können, und so eines empfehle ich dir.

Die Temperatur sollte 37,5 bis maximal 39 Grad betragen. Wenn dein Hund Fieber hat, solltest du auf jeden Fall zum Tierarzt fahren. Der führt dann ausführlichere Untersuchungen durch und hilft deinem Schatz so schnell und so gut wie möglich.

Aber auch, wenn es deinem Hund gut geht, solltet ihr dem Tierarzt regelmäßig einen Besuch abstatten. Ein regelmäßiger Check-up ist eine gute Vorsorge. So können Erkrankungen frühzeitig erkannt und rechtzeitig behandelt werden, bevor sie großen Schaden anrichten können.

Richtig Fieber messen beim Hund

Der Besuch beim Tierarzt

Ein Tierarztbesuch ist immer ein kleines oder großes bisschen aufregend. Zum Tierarzt solltest du mit deinem Vierbeiner gehen, wenn

- dein Hund sichtlich krank oder verletzt ist (dann natürlich sofort und ohne Umschweife!),
- er sich ständig kratzt oder »schubbert«,
- unleidig oder appetitlos ist,
- sein Fell ungewöhnlich struppig ist,
- er sich »irgendwie komisch« verhält und
- der alljährliche Check-up ansteht.

Was in der Tierarztpraxis bei der Untersuchung herauskommt, weiß man erst mal nicht. Also ist der Gang zum Tierarzt zunächst eine Sprechstunde mit ungewissem Ausgang. Meistens ist es nichts Schlimmes: eine kleine Verletzung, die versorgt werden muss, ein paar routinierte Griffe, um zum Beispiel eine frisch entdeckte Zecke zu entfernen, eine Magenverstimmung, eine Bindehautentzündung oder ein Husten – also medizinische Probleme, die wir ja auch von uns selbst kennen.

Der Check-up

Wenn ein Mensch-Hund-Team zum ersten Mal zu mir kommt, um zum Beispiel die Leinenführigkeit des Vierbeiners zu verbessern, dann schaue ich mir nicht nur die Leinenführigkeit selbst an, sondern achte bereits darauf, wie Mensch und Hund aus dem Auto aussteigen, wie der Hund sich seinen oder seinem Menschen gegenüber verhält, gegenüber mir, gegenüber meiner Golden-Retriever-Hündin Mable, gegenüber der Umgebung.

Auch schon beim ersten Telefonat, noch vor dem Termin, höre ich genau hin, wie der Mensch über seinen Hund spricht. Kurz gesagt, ich schaue ganzheitlich auf das Mensch-Hund-Team. Denn meistens ist das Thema Leinenführigkeit nur das dominanteste Thema, nicht aber das einzige. Wenn ein Hund sich nicht gut an der Leine führen lässt, steckt oftmals Unsicherheit dahinter. Und wer unsicher ist, reagiert schon einmal über und wird dann an der Leine grantig, zieht weg oder möchte unbedingt vorne gehen, um alles überblicken zu können. Wenn wir es schaffen, unseren Hunden Sicherheit zu geben, indem wir zum Beispiel

Begegnungen klar regeln und das nicht dem Hund überlassen, dann können sie uns leichter vertrauen. Und wenn sie uns vertrauen, hat es auch der Tierarzt leichter.

Mable findet es ganz gruselig beim Tierarzt, sie geht nicht gern in die Praxis, aber wenn ich sie dazu ermuntere, dann traut sie sich schließlich doch. Sie kann mir beim Tierarzt vertrauen, weil sie gelernt hat, dass sie mir auch im Alltag und somit grundsätzlich vertrauen kann.

Auch der Tierarzt hat immer einen ganzheitlichen Blick auf seinen Patienten. Kommt der vierbeinige Patient zum ersten Mal zum Tierarzt, wirft dieser schon beim Eintreten einen Blick auf den gesamten Hund.

Aus dem ersten Überblick beim Eintreten des Hundes wird nun ein genauerer Blick auf dem Behandlungstisch – es erfolgt die sogenannte allgemeine klinische Untersuchung, der Check-up.

Beim Check-up wird der Hund ordentlich und ganzheitlich untersucht, so zum Beispiel beim Erstbesuch. Meine Golden-Retriever-Hündin Mable ist jetzt acht Jahre alt, sie wird also langsam Seniorin. Seit ihrem siebten Geburtstag bekommt sie auch einen jährlichen Check-up, einen Senioren-Check-up.

Wie ich in diesem Buch vorgehe, so untersucht auch der Tierarzt den Hund beim Live-Check-up: einmal gründlich von vorne nach hinten. Also wird dem Hund als Erstes ins Maul geschaut, Zähne und Maulhöhle betrachtet. Sind alle Schleimhäute schön rosa und feucht? Sind die Augen klar und die Ohren entzündungsfrei? Die Lymphknoten werden abgetastet, Herz und Lunge werden abgehört, ebenfalls Magen und Darm nach Geräuschen, der Bauchraum wird zusätzlich abgetastet, außerdem die Genitalien. Dann noch ein Blick auf das Fell, die Haut und die Pfoten. Und natürlich den Rücken. Dieser wird ebenfalls abgetastet.

Ist der Hund völlig symptomfrei, und alles bleibt ohne Befund, wie man so schön sagt, dann darf der Patient nach Hause gehen. Gibt es einen Verdacht, eine Auffälligkeit, dann werden genauere Untersuchungen durchgeführt. Darauf gehen wir im Buch dann im jeweiligen Kapitel genauer ein.

Untersuchungsmethoden

Im Folgenden zähle ich dir einmal die möglichen Untersuchungsmethoden auf und erkläre, wie sie funktionieren und wofür sie gut sind.

Du wirst sehen, Tierärzte haben viele richtig gute Möglichkeiten zur Diagnosestellung. Außerdem haben sie noch ihre eigenen Augen und Hände, ihr Gefühl und ihre langjährigen Erfahrungen. Das ist genial, und ich bin so dankbar für all diese Möglichkeiten und Fähigkeiten der Tierärzte.

Der Check-up beim Tierarzt

Ultraschall

Das Teil des Ultraschallgeräts, das der Tierarzt bei der Untersuchung in der Hand hält, nennt sich »Kopf«. Dieser Kopf sendet Schallwellen aus, und je nach Dichte dessen, worauf sie treffen, werden sie wieder zurückgesendet. Daraus ergibt sich, dass man nur dort schallen kann, wo möglichst wenig Luft vorhanden ist, denn in der Luft hat der Schall zu wenig Widerstand, zu wenig Dichte, die zurückstrahlen kann.

Schallwellen sind für Hunde nicht schädlich, deswegen bevorzugt der Tierarzt sie als Hilfestellung zur Diagnose, wo immer es geht. Allerdings ist es zum Beispiel in der Lunge nur dann sinnvoll zu schallen, wenn man nach etwas Konkretem sucht, zum Beispiel einem Fremdkörper oder einem Tumor. Die Lunge selbst ist ja voller Luft und hat somit zu wenig Dichte, um etwas anzeigen zu können. Der Bauchraum aber kann gut geschallt werden, denn die Organe im Bauchraum sind sogenannte »Weichteilorgane«, sie bestehen also aus Gewebe und werden somit gut angezeigt im Ultraschall. Ebenso ist das Herz sehr gut zu schallen, und so wird der Ultraschall vom Tierarzt gerne auch für Untersuchungen des Herzens genutzt.

Gut zu wissen: Warum der Tierarzt Hunde vor dem Ultraschall schert

Oftmals schert der Tierarzt die Stelle kahl, die er per Ultraschall begutachten will, und benutzt ein Gel. Das tut er, um so gut wie möglich zu verhindern, dass Luft zwischen Kopf und Körper gerät. Je weniger Haare dazwischen sind, und je dichter der Kopf des Ultraschalls auf der Haut liegt, desto weniger Luft ist also »im Weg«, die das Ergebnis verschlechtern kann.

In der Tiermedizin immer mehr auf dem Vormarsch ist inzwischen auch der orthopädische Ultraschall, er wird in Kliniken immer beliebter. Beim orthopädischen Ultraschall sieht man zum Beispiel Sehnen, Muskeln und Bänder sehr gut. Man erkennt Verdickungen oder Reizungen oder beispielsweise auch, ob die Sehne von Flüssigkeit umgeben ist, was für eine Entzündung sprechen würde.

Röntgen

Das Röntgengerät arbeitet nach denselben Prinzipien wie der Ultraschall, aber mit Strahlen statt mit Wellen. Die Strahlen treffen auf ein Gewebe, zum Beispiel einen Knochen, und werden umgelenkt. Auch hier wird ein Bild errechnet, aber eben mithilfe von Strahlungen, von denen wir ja wissen, dass sie nicht ungefährlich sind. Der Tierarzt geht dementsprechend geizig mit dem Röntgen um, aber manchmal lässt es sich nicht vermeiden, um eine konkrete Diagnose treffen zu können.

Es gibt Röntgenaufnahmen, bei denen der Hund in Narkose gelegt werden muss. Beim Röntgen der Hüfte zum Beispiel muss der Hund in einer so unangenehmen Position gelagert still liegen, dass es ohne Narkose nicht machbar ist.

Aber bei vielen Röntgenaufnahmen kann ein Hund ohne Narkose geröntgt werden – sofern der Hund die Ruhe bewahrt und sich anfassen und festhalten lässt. Er kommt auf den Röntgentisch, wird kurz festgehalten, das Bild wird gemacht, und »gut ist«. Das ist das

Schnellste und Schonendste für den Hund. Dafür muss der Hund aber Ruhe bewahren und sich anfassen lassen.

Gut zu wissen: Bring deinem Hund von Anfang an bei, sich anfassen zu lassen

Nicht jeder Hund lässt sich gern anfassen, schon gar nicht von Fremden. Selbstverständlich muss der Tierarzt deinen Hund untersuchen und damit berühren können. Aber es gibt noch viele andere Situationen, in denen das absolut wichtig ist, im gesamten Hundeleben! Sei es eine Zecke, die rausgezogen werden muss, oder ein Stachel, der in der Pfote steckt, oder Fell, das gebürstet werden will, oder Ohren, die gesäubert werden müssen, oder oder oder …

Der Tierarzt checkt den Hund oder gibt ihm eine Spritze, der Frisör schneidet ihm sein Fell, sein Mensch entfernt eine Zecke oder träufelt ihm Tropfen ins Auge, als Therapiehund wird der Hund angefasst, und bei Prüfungen wiederum berühren gegebenenfalls Richter den Hund. Es lohnt sich also, sich als Hundebesitzer damit zu beschäftigen und sich Unterstützung dabei zu holen, seinem Hund schon von klein auf beizubringen, in all diesen Situationen gelassen zu bleiben und die Berührungen zu akzeptieren.

Computertomografie (CT)

Beim CT wird ebenfalls mit Röntgenstrahlen gearbeitet. Hier gibt es aber nicht nur ein Bild wie beim Röntgen, sondern ganz viele sogenannte **»Schnittbilder«**. Diese vielen Schnittbilder werden zu einem 3-D-Bild zusammengesetzt, sodass der Hund in der Tiefe angesehen werden kann. Ein CT ist also viel genauer, viel feiner, aber bei viel mehr Bildern ist die Strahlendosis auch um ein Vielfaches stärker, der Tierarzt setzt es somit wieder nur sparsam ein.

Beim CT muss der Hund auf jeden Fall narkotisiert werden. Denn er muss länger aushalten und außerdem ganz still liegen bleiben, damit die Bilder nicht verwackeln, und das ist ohne

Narkose leider nicht machbar. Ein CT kann schon mal um die zehn Minuten dauern – und welcher Hund könnte so lange schon völlig still und bewegungslos liegen bleiben?

Magnetresonanztomografie (MRT)

Die Magnetresonanztomografie, besser bekannt als »MRT«, arbeitet wieder mit Wellen. Diesmal sind es aber keine Schall-, sondern **Magnetwellen**. Die Magnetwellen sind sehr stark, aber harmlos. Sie werden mit dem Gerät ausgesendet und anhand dessen, was zurückkommt, wird ein Bild errechnet. Das MRT ist vielen auch unter dem Namen **»Kernspintomografie«** bekannt. Der Kern ist der Magnet, und er hat eine wirklich sehr große magnetische Kraft.

Wie das CT ist auch das MRT ein **Schnittbildverfahren**. Es werden also ganz viele Bilder zu einem 3-D-Bild zusammengesetzt, und das dauert noch deutlich länger als ein CT. Deutlich länger heißt, es kann sich bis zu einer Stunde und länger hinziehen, also ein klarer Fall für die Narkose.

Wenn nun zum Beispiel ein Verdacht auf einen Bandscheibenvorfall vorliegt und die Bandscheibe des Hundes untersucht werden soll, kommt es auf die Größe des Hundes an. Ist es ein großer Hund, wird der Tierarzt sich für das MRT entscheiden. Denn hier wird die Bandscheibe als Ganzes erfasst. Handelt es sich um einen kleinen Hund, genügt oft ein CT.

Muss das Gehirn angesehen werden, ist das MRT das Mittel der Wahl. Das Gehirn wird durch den starken Schädelknochen geschützt, und nur das MRT dringt hier ausreichend gut durch. Denn die vielen Schnittbilder zeigen ja letztendlich den gesamten Kopf als 3-D-Bild exakt an. Beim Röntgen würde man nur die Schädelknochen sehen, aber nicht das Gehirn selbst. Und beim CT würde man das Gehirn zwar auch sehen können, aber nicht so gut wie im MRT.

Endoskopie

Bleibt noch die Endoskopie. Beim Endoskop sitzt eine Kamera am Kopf eines Schlauches, der in eine Körperöffnung des Hundes eingeführt wird, damit man ins Innere hineinschauen kann – zum Beispiel in den Magen bei Verdacht auf einen Fremdkörper. Auch bei Entzündungen ist eine Endoskopie sinnvoll, denn auch eine Probeentnahme ist so möglich. Das entnommene Gewebe kann dann genau untersucht und die richtige Behandlung durchgeführt werden.

Endoskopie ist hierbei der Oberbegriff. Je nachdem, welchen Körperteil man genauer anschaut, hat sie immer andere Namen. Diese Namen beziehen sich auf den Ort des Geschehens, das Verfahren ist immer gleich. Möglich ist hier so einiges:

- Der Tierarzt kann in die Nase des Hundes schauen, das nennt sich dann **Rhinoskopie**. Gar nicht so einfach, denn es gibt mehrere Nasengänge, und da muss der Tierarzt sich gut orientieren, um den richtigen Weg zu finden.
- Schaut der Tierarzt in die Lunge, nennt es sich **Bronchoskopie**.
- Beim Magen heißt es **Gastroskopie** (der Tierarzt führt das Endoskop durch das Maul in den Hund ein) und etwas weiter hinten beim Darm **Koloskopie** (der Tierarzt führt das Endoskop durch den Po ein).
- Wenn ein Hund gar nicht aushalten kann, wenn ihm in die Ohren geschaut wird, zum Beispiel weil die Ohrentzündung zu schmerzhaft ist, dann kann der Tierarzt auch endoskopisch in die Ohren schauen, das nennt sich dann **Otoskopie**.
- In die Blase der Hündin kann der Tierarzt gut hineinschauen, der Weg ist gut zugänglich. Das nennt sich dann **Zystoskopie**. Beim Rüden ist eine Zystoskopie schwierig, weil die Gänge zu schmal sind und der Penisknochen den Weg versperrt.

Bei der Endoskopie ist immer eine **Narkose** notwendig, was du sicher sehr gut nachvollziehen kannst. Jemand prokelt mit einem Schlauch in mir rum – da würde ich selbst auch unbedingt eine Narkose wollen.

Blutuntersuchungen

Wir alle kennen sie, die Blutentnahme. Die Nadel der Spritze wird in uns hineingebohrt und dann können wir zusehen, wie sich die Spritze mit unserem Blut füllt. Je nachdem, welche Blutwerte untersucht werden sollen, werden dann verschiedene Röhrchen mit dem Blut gefüllt. Das geschieht beim Hund ganz genauso.

Damit der Tierarzt das Blut untersuchen kann, muss er dafür sorgen, dass die einzelnen Bestandteile des Blutes auch einzeln bleiben und nicht verklumpen, es muss also auch ein Gerinnungshemmer in den Röhrchen sein. Dann zählt ein Gerät diese einzelnen Bestandteile des Blutes aus und daraus kann der Tierarzt dann die notwendigen Rückschlüsse ziehen.

Alternativ kann das Blut auch unter einem Mikroskop ausgewertet werden. Da die heutigen Geräte modern und zuverlässig sind, sind sie das bevorzugte Mittel der Wahl. Aber bei speziellem Verdacht kann es im Labor oder beim Tierarzt selbst im wahrsten Sinne des Wortes unter die Lupe genommen werden.

Möchte der Tierarzt Infos über bestimmte Organe oder Blutbestandteile haben, zum Beispiel Nierenwerte oder Infos über den Blutzucker bei Verdacht auf Diabetes mellitus, ist der erste Teil so wie oben beschrieben: Das Blut landet mit dem Gerinnungshemmer im Röhrchen. Jetzt aber wird es zentrifugiert, damit es zügig untersucht werden kann. Die Blutbestandteile unterliegen, wie alles hier auf unserer Erde, der Schwerkraft. Aber bis alle Bestandteile auf den Boden des Röhrchens gesunken sind, dauert das eine Weile. Das lässt sich beschleunigen, und diese Beschleunigung des Herabsinkens der Bestandteile nennt man »Zentrifugieren«. Oben im Röhrchen befindet sich danach das Blutplasma, also der flüssige Teil des Blutes. Und dieses Blutplasma kann nun auf einzelne Bestandteile untersucht werden.

Gut zu wissen: Was eine Blutuntersuchung ergeben kann

Ein wichtiger Wert bei der Blutuntersuchung ist der **Hämatokrit-Wert.** Er zeigt das prozentuale Verhältnis der roten Blutkörperchen im Verhältnis zur Blutflüssigkeit an. Hat der Hund zu viele Blutkörperchen im Verhältnis zur Flüssigkeit, ist das ein Hinweis auf Austrocknung, hat er zu wenige, liegt Blutarmut vor. Herauszufinden, warum das nun so ist, wie es ist, ist dann die nächste Aufgabe der tierärztlichen Detektivarbeit.

Wenn du mehr über das Blut und seine Bestandteile erfahren möchtest, ist der folgende Exkurs bestimmt interessant für dich.

EXKURS: Das Blut

Das Blut und seine Bestandteile in vollem Umfang zu besprechen, würde viele tausend Seiten ergeben und würde somit eindeutig den Rahmen dieses Buches sprengen. Deswegen beschränke ich mich hier auf die Blutbestandteile, mit denen wir am häufigsten zu tun haben – als menschliche Patienten und als Besitzer von vierbeinigen.

Wir bestehen zu einem Großteil aus Wasser, und bei unserem Blut ist das nicht anders: Es besteht aus Wasser, Salzen, Zellen und Eiweißen.

Das Blut besteht also aus einem flüssigen Teil (der das Wasser enthält), der dann auch »Blutflüssigkeit« oder **»Blutplasma«** genannt wird, und festen Bestandteilen, die in der Flüssigkeit transportiert werden.

Die für uns hier wichtigen **festen Bestandteile des Blutes** sind:

- die roten Blutkörperchen,
- die weißen Blutkörperchen und
- die Blutplättchen.

Das Blut befindet sich so gut wie überall im Körper deines Hundes. Die Betonung liegt auf »im« Körper, denn da sollte es sein und bleiben. Fließt es heraus, ist dein Hund verletzt, hat Gift gefressen oder leidet an einer Erkrankung, die sein Blut betrifft.

Das Blut ist unglaublich wichtig für deinen Hund, überlebenswichtig. Es wird im Knochenmark produziert, in verschiedenen Organen wie zum Beispiel der Milz gespeichert und vom Herzen fröhlich und regelmäßig durch den Körper gepumpt. Dass es an verschiedenen Stellen gespeichert wird, kann überlebenswichtig sein. Hat dein Hund sich zum Beispiel verletzt und blutet stark, verliert er viel Blut in rasantem Tempo. Jetzt hilft zum Beispiel die Milz, gibt das gespeicherte Blut frei und erhöht somit die Überlebenschance des Hundes. Und es wird deswegen die ganze Zeit durch den Körper gepumpt, weil es überall gebraucht wird. Nein, Moment: Nicht das ganze Blut wird immer und überall gebraucht, sondern nur Teile davon. Wenn sich der Hund zum Beispiel verletzt hat, benötigt er eine große Anlieferung von Blutplättchen zum »Stopfen« der Wunde, sind irgendwo Bakterien eingedrungen, benötigt er vor allem weiße Blutkörperchen zu deren Abwehr. Auf diese Anforderungen hin wird dann das Blut auf die Reise zum »Unfallort« geschickt. Wie das funktioniert, erkläre ich jetzt.

Rote Blutkörperchen

Die roten Blutkörperchen werden fachsprachlich **»Erythrozyten«** genannt. Sie sind die Überbringer des Sauerstoffs und überleben circa 120 Tage. Um den lebenswichtigen Sauerstoff durch den Körper zu transportieren, nutzen die roten Blutkörperchen das **Hämoglobin**, ihren roten Blutfarbstoff: Das Hämoglobin nimmt Sauerstoff auf, und dieser reist dann über das Blutplasma an seine Bestimmungsorte und wird dort abgegeben. Praktischerweise nimmt das Hämoglobin, das ja jetzt wieder Platz hat, dort gleich das nicht benötigte Kohlenstoffdioxid auf und bringt es zur Entsorgung zu den Atemwegen, wo es dann wieder Sauerstoff einlädt. So gibt es keine »Leerfahrt«.

Hat ein Hund zu wenig rote Blutkörperchen, dann nennt sich das **»Blutarmut«**. Der Hund ist dann schlapp und erschöpft, denn ihm fehlt ja Sauerstoff, und ohne den ist keine Leistung möglich. Das ist zum Beispiel akut bei einer Verletzung der Fall. Außerdem kommt es bei einigen Autoimmunerkrankungen zum Verlust der roten Blutkörperchen. In diesem Fall arbeitet der Körper nicht für sich, sondern gegen sich selbst, indem er seine eigenen roten Blutkörperchen zerstört.

Auch Medikamente können als Nebenwirkung die Blutkörperchen zerstören. Deswegen ist es wichtig, dass die Vergabe und Auswahl der Medikamente in den Händen der Tierärzte liegen.

Zu viele rote Blutkörperchen sorgen ebenfalls für Schlappheit, aber diesmal deswegen, weil das Blut dann zu zäh wird. Es fließt nicht mehr zügig genug, und somit werden die Organe nicht mehr vernünftig beliefert.

Weiße Blutkörperchen

Die weißen Blutkörperchen nennt man fachsprachlich **»Leukozyten«**. Sie sind Kämpfernaturen. Sie leben circa 30 bis 40 Tage lang und beschützen den Körper. Sie sind vor allem für die Abwehr zuständig, sind also Teil des Immunsystems. Hat der Hund zum Beispiel einen bakteriellen Infekt oder eine Entzündung, dann sind sie gefragt. Sie transportieren die Abwehrzellen und helfen selber mit bei der Abwehr, indem sie zum Beispiel den Eiter produzieren. Sie sind also die Guten – es sei denn, sie entarten bösartig. Dann vermehren sie sich unkontrolliert und bringen das Gleichgewicht im Blut völlig durcheinander.

Die weißen Blutkörperchen können nicht nur entarten und zu viele werden, sondern es kann auch genau das Gegenteil passieren, nämlich dass sie in zu geringer Menge vorhanden sind. Die Infektionskrankheit Parvovirose sorgt zum Beispiel für dieses Problem, denn hier befallen Bakterien das Knochenmark. Doch genau hier werden die weißen Blutkörperchen hergestellt. Das Knochenmark arbeitet nicht mehr richtig und produziert nicht mehr genug Leukozyten, und ohne deren Schutz erkrankt der Hund an allem Möglichen, und das auch noch sehr schnell, denn die Erreger haben ja leichtes Spiel. Irgendwann sind die weißen Blutkörperchen alle verbraucht. Dann ist die Abwehr des Hundes lahmgelegt. Der weitere Verlauf, kannst du dir denken, ist dann oft tödlich.

Blutplättchen

Die Blutplättchen nennt man fachsprachlich **»Thrombozyten«**. Sie sind die Kittmasse bei Verletzungen und machen die Kruste auf der Wunde, bei uns sagt man auch gerne die »Borke«, dazu. Sie sind also ein Teil des Systems »Blutgerinnung« und helfen dabei, die Wunde zu verschließen.

Hat der Hund zu wenig Thrombozyten, gibt es dafür verschiedene Gründe. Ein Grund liegt auf der Hand, nämlich Blutverlust durch Verletzungen. Zum einen verliert der Hund Plättchen, weil er ja blutet, zum anderen werden bei vielen Verletzungen die Plättchen überall gebraucht, und der Körper kann gar nicht so schnell nachproduzieren, wie sie gebraucht werden. Des Weiteren gibt es Erkrankungen, zum Beispiel Autoimmunerkrankungen, die dafür sorgen, dass der Hund zu wenig oder falsch ausgebildete Plättchen hat, die dann ihre eigentliche Funktion nicht ausreichend ausüben können, und auch Medikamente können Schäden an den Plättchen anrichten oder für deren Verlust sorgen.

Impfungen

Untersuchungen helfen dabei herauszufinden, ob und was ein Hund hat, es gibt aber auch Möglichkeiten, Erkrankungen zu verhindern oder ihr Ausmaß zumindest so gering wie möglich zu halten. Das schafft man zum Beispiel durch Impfungen.

Gut zu wissen: Der EU-Heimtierausweis

Dieser Ausweis garantiert eine eindeutige Identifizierung des Hundes. Die Daten und natürlich die Impfungen des Hundes sind eingetragen, ebenfalls die **Chip-Nummer**, denn nur gechipte und somit eindeutig identifizierbare Hunde bekommen so einen hochoffiziellen EU-Heimtierausweis.

Dieser Ausweis ist vor allem dann wichtig, wenn du mit deinem Hund auf Ausstellungen gehen oder ins Ausland reisen möchtest. Für eine Reise ins Ausland muss ein Hund nämlich gegen Tollwut geimpft sein, und das steht dann ordnungsgemäß hier schwarz auf weiß.

Was passiert bei einer Impfung? Es werden abgeschwächte Erreger gespritzt. Sie sind so stark abgeschwächt, dass sie nicht mehr krank machen, aber der Körper erkennt sie trotzdem und bildet eine Abwehr dagegen. Körper wollen überleben, sind quasi klug und nachtragend. Der Körper »sagt« also: »Ey, das war komisches Zeug, dagegen baue ich mal eine Armee auf, die ich im Fall der Fälle losschicken kann.« Diese Armee besteht aus **Abwehrzellen**, die von nun an wissen, wenn diese Erreger bei mir eindringen: »Auf sie mit Gebrüll!«

Es gibt **Core- und Non-Core-Impfungen**. Die Core-Impfungen sind die empfohlenen, die Non-Core-Impfungen kann man machen, muss man aber nicht.

Zu den **Core-Impfungen** gehören:

- **Staupe** (ansteckende Viruserkrankung, kann in verschiedenen Formen auftreten. Bei der neurologischen Form kommt es zu Lähmungserscheinungen, bei der respiratorischen Form zu Symptomen wie Husten und Atemnot und bei der gastroinstestinalen Form zu Erbrechen und Durchfall. Das Staupevirus verursacht vor allem bei jungen Hunden meist eine tödliche Erkrankung),
- **Hepatitis** (durch das Adenovirus hervorgerufene ansteckende Leberentzündung, kann zu Leberversagen führen),
- **Parvovirose** (hochansteckende Viruserkrankung, die meist mit hochgradig wässrig-blutigem Durchfall einhergeht und für Welpen schnell lebensbedrohlich ist),
- **Leptospirose** (gefährliche Infektion durch Bakterien, die besonders die Niere, aber auch den gesamten Hundekörper betrifft und auch auf den Menschen übertragen werden kann),
- **Tollwut** (für den ungeimpften Hund immer mit dem Tod endende Viruserkrankung, auf den Menschen übertragbar).

All diese Erkrankungen sind wie beschrieben sehr ernst zu nehmen und enden nicht selten tödlich.

Gut zu wissen: Hinweise zur Tollwutimpfung

Mit zwölf Wochen ist bei Welpen die Tollwutimpfung erlaubt. Wenn man also einen Welpen aus dem Ausland adoptieren möchte, sollte dieser mindestens 15 Wochen alt sein, denn man muss nach der Tollwutimpfung noch drei Wochen warten, bis der Welpe zu uns nach Deutschland importiert werden darf. Das bedeutet, dass ein Welpe aus dem Ausland, der jünger als vier Monate ist, nicht korrekt gegen Tollwut geimpft worden sein kann, und daher sollte man lieber auf den Kauf verzichten. Denn eventuell holt man sich einen kranken, ansteckenden Hund ins Haus – und Tollwut ist extrem ansteckend und verläuft tödlich.

In vielen Ländern ist eine wirksame Tollwutimpfung Voraussetzung dafür, dass der Hund mit einreisen darf! Daher vor dem nächsten Urlaub unbedingt rechtzeitig vorher den Impfpass prüfen – eine Tollwutimpfung ist in der Regel immer nur drei Jahre wirksam, und eine Auffrischung muss mindestens 21 Tage vor Einreise stattgefunden haben.

Neben spezifischen Impfungen wie der eben erwähnten Tollwutimpfung gibt es aber auch noch die Grundimmunisierung.

Gut zu wissen: Die Grundimmunisierung

Der Züchter lässt seine Welpenschar mit acht Wochen das erste Mal impfen. Die Welpen ziehen zwischen der achten und zwölften Woche beim Züchter aus, manche bleiben auch etwas länger. Entweder sorgt also der Züchter für die zweite Impfung, oder der frisch gebackene neue Hundebesitzer geht mit seinem jungen Hund zum Tierarzt.

Mit 16 Wochen gibt es dann die dritte Impfung; dann ist erst mal ein Jahr lang Pause. Anschließend wird der Hund nochmal geimpft, dann hat er seine Grundimmunisierung geschafft.

Non-Core-Impfungen gibt es zum Beispiel gegen:

- **Zwingerhusten** (infektiöse Erkrankung der oberen Atemwege): Die Impfung gegen den Zwingerhusten ist übrigens eine intranasale Impfung, das heißt, der Impfstoff wird in die Nase gegeben. Das ist sehr clever, denn dadurch werden die Erreger bereits »an der Tür« wieder rausgeworfen beziehungsweise kommen dort gar nicht erst rein.

- **Borreliose** (durch Zecken übertragene bakterielle Erkrankung).
- **Herpes:** Das Herpesvirus ist für erwachsene Hunde nicht bedrohlich, für wenige Wochen alte Welpen aber meist tödlich. Deswegen empfiehlt der Tierarzt, Hündinnen impfen zu lassen, bei denen Nachwuchs ansteht. Denn bekommt die Hündin in der Welpenzeit Herpes, ist die Gefahr einer Übertragung auf die Welpen groß.

Möchte man seinen Hund nicht jedes Jahr impfen lassen, gibt es die Möglichkeit, den **Impf-Titer** bestimmen zu lassen. Dem Hund wird Blut abgenommen und die Anzahl der Antikörper wird bestimmt. Dementsprechend sieht man, ob der Impfschutz noch vorhanden ist oder geimpft werden muss. Zu hundert Prozent sicher sind die Ergebnisse nicht immer, da es ein noch nicht so verbreitetes Verfahren ist und sich noch nicht so etabliert hat.

Medikamente

Nun haben wir die Untersuchungen besprochen und die Impfungen. Bleiben noch die Medikamente.

Medikamente werden eingesetzt, wenn der Hund erkrankt ist. Sie können dem Hund dabei helfen, wieder gesund zu werden, Symptome einzudämmen oder gar ganz verschwinden zu lassen. Sie können auch prophylaktisch eingesetzt werden. Und sie sind viel diskutiert, denn sie können, wie auch die Medikamente für Menschen, Nebenwirkungen haben. Deswegen sollten sie sorgfältig ausgewählt und in passender Dosierung gegeben werden. Dafür hat der Tierarzt studiert, deswegen sollte er die Medikamente auch auswählen, und wir Hundehalter folgen genau seinen Anweisungen.

Es gibt Medikamente, die für den Menschen gedacht sind, die man bei Hunden aber auch anwenden kann. Andere wiederum können tödlich sein für den Hund. Ibuprofen zum Beispiel hilft uns Menschen gegen Schmerzen. Bei Hunden aber sorgt es für Magenbluten und kann dadurch tödlich wirken. Man möchte seinem Hund etwas Gutes tun, stattdessen bringt man ihn um. **Also bitte auf keinen Fall für den Hund einfach in den eigenen Medikamentenschrank greifen!**

Die Verstoffwechselung in der Leber funktioniert bei allen Lebewesen verschieden. Katzen verstoffwechseln anders als Hunde, Hunde anders als Menschen und so weiter. Was der Katze guttut, kann also dem Hund schaden, was dem Menschen guttut, den Hund töten. Bitte zieh also immer einen Tierarzt zurate, wenn du deinem Hund Medizin, egal welcher Art, geben möchtest. Das gilt sowohl für Medikamente als auch für Hausmittel und Naturprodukte wie Kräuter. Denn auch sie haben nicht nur Wirkungen, sondern auch Nebenwirkungen.

Wenn der sanftere Weg der natürlichen Mittel möglich ist, ist das gut, Hausmittel und Kräuter können dem Hund helfen. Aber auch hier sollte sorgfältig ausgewählt werden, denn ihre Wirkung kann bei falscher Anwendung fatale Folgen haben. Schwarzkümmel zum Beispiel wird Hunden gerne gegen Zecken gegeben. Einfach mit ins Futter rein, und die Zecken nehmen Reißaus, so ist der Gedanke. Aber hier kommt der kluge Paracelsus ins Spiel, denn er wusste bereits: »Die Dosis macht das Gift.« Ein bisschen Schwarzkümmel schadet dem Hund nicht, aber bei falscher Dosierung kann das Kraut zu Leberproblemen führen.

Wenn ein Hundehalter auf Naturheilmittel zurückgreifen möchte, ist es also immer sinnvoll, Rücksprache mit dem Tierarzt zu halten. Dieser sollte offen sein für die Vorschläge seiner Kunden, sie nicht einfach ablehnen und verteufeln, sondern im Fall der Fälle nachlesen und prüfen, ob und in welcher Dosierung die vorgeschlagenen Pflanzen wirklich hilfreich sind. Steffi ist Medizinerin, trotzdem empfiehlt sie rein pflanzlichen Hustensaft auch für erkältete Hunde und die Teufelskralle gegen Schmerzen. **Aber bitte, gib deinem Hund alles wirklich nur nach Rücksprache mit deinem Tierarzt!**

Du weißt nun schon einiges darüber, wie du erkennen kannst, dass es deinem Hund nicht gut geht, über die medizinischen Möglichkeiten zur Diagnostik und über die Behandlung von Krankheiten mit Medikamenten.

Manche Krankheiten betreffen junge Hunde, manche treten erst im höheren Hundealter verstärkt auf. So wie bei uns Menschen auch.

Bevor es also richtig losgeht mit der Reise durch den Hund, beschreibe ich dir im Folgenden in einem weiteren Exkurs die einzelnen Lebensphasen deines treuen Begleiters – manche »Macken« erkennst du dann vielleicht gleich als nicht unbedingt krankheitsbedingt, sondern als der Entwicklungsphase geschuldet. Der Überblick wird dir vor allem zum Thema »Gesundheit und Gesundheitsvorsorge« deines Hundes weiterhelfen, denn du weißt nun, worauf du in welcher Lebensphase ein Auge haben solltest. Dennoch gilt immer die Regel: **im Zweifel auf zum Tierarzt!**

EXKURS: Die Lebensphasen des Hundes

Jedes Alter, jede Lebensphase des Hundes hat so ihre spezifischen Themen. Das gilt für meinen Bereich, den des Hundetrainings, aber auch für den medizinischen Bereich. Die Lebensphasen des Hundes füllen ganze Bücher, und davon viele, deswegen kann dieser Überblick nur grobe Hinweise geben. Wir fangen ganz von vorne an: mit den ersten Tapsern in die Welt.

Die neonatale Phase und die Übergangsphase (1. bis ca. 4. Lebenswoche)

Wenn die Welpen circa 65 Tage im Bauch der Mama herangewachsen sind, sind sie bereit für die »echte« Welt: Sie werden geboren und beginnen ihre neonatale Phase. Durch sie schlafen und fressen sie sich hindurch; mit der großen weiten Welt haben sie zwangsläufig noch wenig zu tun, denn sie sind noch blind und taub.

Mit circa 14 Tagen beginnen die Kleinen dann, ihre Augen zu öffnen und in die Welt zu blicken. Die Übergangsphase beginnt und nach und nach entwickeln sich Seh- und Hörvermögen voll aus. Nicht nur die Sinnesorgane nehmen erste Kontakte mit der Umwelt auf, auch körperlich werden die Welpen nun etwas agiler. Hast du schon einmal Welpen dabei beobachtet? Ihre ersten tapsigen, unbeholfenen Versuche, sich in der Wurfkiste fortzubewegen, sind wirklich anrührend.

Ich hatte das Glück, die Entwicklung schon so vieler Welpen beobachten und ihre Züchter mit Rat und Tat begleiten zu dürfen, und kann dir sagen: Das ist besser als jedes Kino. Solltest du die Chance dazu haben, so kleine Winzlinge live zu erleben, nutze sie. Du wirst dich ewig dran erinnern. Als späterer Hundebesitzer ist diese Gelegenheit allerdings selten, denn jetzt sind die Welpen immer noch ganz eng bei der Mutterhündin, und der Züchter sorgt dafür, dass die Winzlinge passend entwurmt und geimpft werden. Ab circa der 4./5. Woche füttert er schon feste Nahrung zu.

Die Sozialisationsphase (ca. 4. bis 12. Woche)

Die sich nun anschließende Phase nennt man Sozialisationsphase. Sie erstreckt sich bis zum 3./4. Lebensmonat. Die bislang rund um die Uhr geöffnete Bar »Mama« schließt langsam aber sicher ihre Türen, die Welpen werden immer mehr zugefüttert. Die Welt wird größer, die Umweltreize werden häufiger. Es gibt jetzt so viel zu erkunden und zu entdecken. Am Ende dieser Phase haben sie sich von ihrer Mutter entkoppelt, und in der Regel steht nun ein Umzug an: Die Welpen ziehen zwischen der 8. und 12. Woche in ihr neues Zuhause, möglicherweise in deins.

Für die Ernährung deines Hundes bist nun du mit dem Tag seines Einzugs verantwortlich. Die Menge ist wichtig, aber natürlich auch die Qualität des Futters. Hier gibt es viele Meinungen und Philosophien. Du kannst für deinen Hund selbst kochen: Dann musst du aber unbedingt darauf achten, dass es ausgewogen ist, und das erfordert viel Wissen und Arbeit. Nicht jeder schafft das im Alltag und viele entscheiden sich für Trocken- oder Dosenfutter. Ich selbst mische, aufeinander abgestimmt, Trocken- und Dosenfutter, und damit kommt

Mable super klar. Und wenn ich etwas zubereite, was auch für sie gut ist, bekommt sie etwas davon ab.

Gut zu wissen: Die Futtermenge

Manchmal ist die Futtermenge auf den Futtersäcken oder Dosen schwer zu durchschauen. Das Endgewicht ist rassespezifisch angegeben, aber auch der aktuelle Lebensmonat, was sehr verwirrend sein kann. Lass dich deswegen beim Futterkauf unbedingt genau beraten, wie die Futtermenge zu lesen ist. Ich hatte schon so manchen Kunden mit sehr dünnen und extrem hungrigen Welpen, weil die Besitzer die Angaben falsch gedeutet haben. Gut, dass sie mich früh engagiert hatten.

Generell empfehle ich dir: Gib deinem Hund lieber »natürliche« Leckerchen wie zum Beispiel Käse oder Gurken statt Fast-Food-Leckerchen aus der Tüte. Es ist wie bei uns: Gegen ab und an mal Chips oder Schokolade ist nichts einzuwenden, aber täglich gehören diese Dinge nicht in unsere Münder.

American-Staffordshire-Terrier-Welpen

In dieser Phase bist nun also auch du als frisch gebackener Hundebesitzer gefragt. Es ist sinnvoll, dass du mit deinem Welpen möglichst früh zum Tierarzt gehst. Zum einen kann der Tierarzt dem Welpen zeigen, dass er eine ganz tolle Type ist, vor der man gar keine Angst zu haben braucht, und zum anderen kann er auch feststellen, ob dein Welpe wirklich gesund ist. Wenn du deinem Welpen jetzt zeigst, dass es beim Tierarzt toll ist, ersparst du dir und deinem Hund viel Stress bei weiteren Tierarztbesuchen.

Ich selbst bin mit meinen Welpen anfangs öfters mal zum Tierarzt gegangen. Meine Welpen und ich haben uns dort Leckereien abgeholt, Welpi wurde gekuschelt und betüdelt, unauffällig und so ganz nebenbei wurde er untersucht – mal in die Ohren gucken, mal mit dem Stethoskop die Herztöne abhören, dem Tierarzt fällt immer etwas »Lustiges« ein. Dieses Geld habe ich gerne investiert, obwohl meine Welpen immer kerngesund waren, denn es geht nichts über einen entspannten Hund beim Tierarzt.

Die Welpen erkunden die Welt mit ihrem Maul, was ihnen manchmal zum Verhängnis wird. Alles Appetitliche und für uns weniger Appetitliche, Verträgliche und weniger Verträgliche wird ins Maul gestopft, darauf rumgekaut und leider manchmal auch heruntergeschluckt. In dieser Phase ist es wichtig, dass du alles für deinen Kleinen Gefährliche möglichst an unerreichbare Orte stellst und ansonsten gut Obacht gibst, dass er nichts Gefährliches zu sich nimmt – das macht man ja bei Kleinkindern auch.

Weitere Impfungen und Wurmkuren stehen an, Körper und Immunsystem wachsen und reifen heran, alles ist noch in der Mache. Deswegen bekommt ein Welpe auch eher mal einen Infekt als ein ausgewachsener Hund, weil bei ihm das Immunsystem noch nicht fertig ausgereift ist.

Die juvenile Phase (ca. 3./4. bis 6. Monat)

Mit circa dem 4. Lebensmonat beginnt die juvenile Phase. In dieser Zeit ist es extrem wichtig, dass der Hund das Richtige fürs Leben lernt. Er sollte möglichst viel positiv kennenlernen, aber auch Grenzen erfahren und natürlich den richtigen Umgang mit Artgenossen und uns Menschen.

In diese Zeit fällt auch der **Zahnwechsel** mit all seinen Tücken, ich berichte davon im Kapitel »Maulhöhle«.

Das Fell verändert sich ebenfalls, wird zum Erwachsenenfell, darüber erfährst du mehr im Kapitel »Haut«. Körper und Immunsystem reifen weiter heran, auch in dieser Zeit treten Infekte also noch häufiger auf.

Die Pubertät (ca. 6. bis 18. Monat)

Dann, ab sechs Monaten, beginnt die »Lieblingszeit« aller Hundebesitzer, die Pubertät. Das Gelernte ist weg und wieder da, Provozieren macht Spaß, Frauchen ist doof – und überhaupt, was kostet die Welt. Wann diese Phase genau endet, lässt sich nur schwer sagen. Kleinere Rassen sind früher damit durch, oft schon mit circa einem Jahr erwachsen, die Größeren brauchen länger, bis zu 1,5 Jahren und auch darüber hinaus.

Das erste Lebensjahr ist insgesamt das Jahr der **Reifung und Entwicklung**, das bezieht sich auch auf das Immunsystem. Manchmal greift es zu überschießenden Aktionen und übertreibt, manchmal verrichtet es seine Arbeit nur ungenügend. Dadurch entstehen solche Dinge wie Erkrankungen des dritten Augenlids (siehe Kapitel »Die Augen«), aber auch der oft langwierige Befall von Würmern. Der junge Körper muss einfach noch lernen, ausgeglichen zu reagieren. So ist es nicht selten, dass ein junger Hund den Tierarzt häufiger mal besucht. Oft nichts Schlimmes, aber noch neu und lästig und anstrengend.

Ist das erste Jahr geschafft, ist das Höhenwachstum der kleinen und mittelgroßen Hunde erreicht, nun werden sie noch mehr »Hund«, ihr Körper entwickelt sich rundherum. Auch das Immunsystem hat jetzt verstanden, wie zu reagieren ist, und wenn alles gut geht, sieht man den Tierarzt nur noch selten, vielleicht sogar nur zum Jahrescheck oder zum Impfen.

Wenn ein Hund eine ausgeprägte Hüftgelenks- oder Ellenbogengelenksdysplasie entwickelt, dann fällt das bereits am Ende des 1. Lebensjahres auf. Dazu aber mehr im Kapitel »Der Bewegungsapparat«.

In dieser Phase werden die Hunde **geschlechtsreif**, das verrät allein der Name der Phase. Das ist natürlich nochmal eine große Veränderung, aber darüber schreibe ich genauer im Kapitel »Die Geschlechtsorgane«.

Adulte Phase (nach der Pubertät bis zum Senioralter)

Nach überstandener Pubertät ist der Hund nun erwachsen geworden. Aber auch im Erwachsenenalter steht die Entwicklung nicht still. Fördere und fordere deinen Hund gern, sowohl körperlich als auch geistig. Medizinisch gesehen kann hier alles und nichts passieren. Der Hund kann sich verletzen oder krank werden – oder auch nichts davon. Der ganz normale Alltag eben, so wie es auch uns Menschen geht.

Meine Goldie-Dame Mable ist jetzt acht Jahre alt, und ich bin sehr froh und glücklich darüber, dass wir unsere Tierärztin Steffi bisher nur für Kleinigkeiten, Erste-Hilfe-Kurse geben oder einfach zu Besuch aufgesucht haben.

Die Seniorphase (ca. ab 8. Lebensjahr, stark rasseabhängig)

Dann folgt die letzte Phase, die Seniorzeit. Mable ist gerade frisch eingetreten in die Seniorphase und noch topfit. Noch sind keine ersten Zipperlein in Sicht. Aber sie wird ruhiger, gemütlicher. Sie hat nicht mehr so große Lust auf Toben, genießt es vielmehr, bei mir in der Sonne zu liegen, während ich zum Beispiel gerade dieses Buch schreibe. Wir sind ein eingespieltes Team, verstehen uns blind.

Die Lebenserwartung der kleinen Rassen ist länger als die der großen, somit beginnt ihre Seniorzeit erst mit circa zehn Jahren. Bei den größeren Rassen sieht das anders aus. Mittelgroße Hunde, wie zum Beispiel Mable als Golden Retriever, kommen mit circa acht Jahren in die Seniorzeit, noch größere Rassen wie zum Beispiel der Berner Sennenhund, die Dogge oder der Irische Wolfshund bereits mit sechs Jahren. Ich weiß also, dass Mable nun Seniorin ist, und beobachte sie gut. Das sollten wir Hundebesitzer natürlich sowieso tun, aber nun schaue ich verstärkt, ob es ihr gut geht oder ob es irgendwelche Anzeichen für altersbedingte Erkrankungen gibt. Jedes Jahr besuchen wir unsere Tierärztin Steffi zum Senioren-Jahrescheck, außerdem schaut auch unsere Hunde-Physiotherapeutin mehrmals pro Jahr vorbei. Mable genießt die Massage und das Lockern ihrer Muskeln, und ich habe die Sicherheit, dass weitere Experten-Augen sie im Blick haben.

Manche Hunde werden nun grau (manche auch schon früher), was meistens im Gesicht beginnt. **Arthrose** kann ein Thema werden, worüber du im entsprechenden Kapitel beim Thema »Bewegungsapparat« nachlesen kannst. Ich selbst bin jetzt, da ich dieses Buch schreibe, 53 Jahre alt, und mir ergeht es wie Mable. Topfit, aber wenn ich zum Beispiel lange in der gleichen Stellung gesessen oder gelegen habe, merke ich mein Alter. Ich komme manchmal schlechter aus dem Quark, und obwohl mir nichts wirklich richtig weh tut, merke ich doch, dass es hier und da mal ziept. Ich habe keine Lust mehr auf wilde Partys, genieße viel mehr sinnige Spaziergänge und begegne den Herausforderungen des Lebens mit viel mehr Gelassenheit als früher.

Selbst mein erster Hund, eine Hovawart-Dame, ist im Senioralter ruhiger und entspannter geworden. Hat sie mit fünf Jahren noch jeden vertrieben, der es in ihren Augen verdient hat, hat sie sich im Alter wohl gedacht: »Ach, das ist die Mühe nicht wert. Lieber sorge ich dafür, dass meine Knochen und ich unversehrt bleiben, denn so fix und athletisch wie früher bin ich nun nicht mehr.«

Verschleiß ist nicht unbedingt eine Sache des Alters, kommt aber im Alter häufiger vor, und das oft in nicht unerheblichem Ausmaß. Meist denkt man nur an den Verschleiß der Gelenke, aber leider bezieht er sich auf den gesamten Körper des Hundes, also auch die inneren und Sinnesorgane.

Auch die Augen lassen nun nach, der graue Star kann auftreten. Hierzu findest du im Kapitel »Die Augen« genauere Erläuterungen.

Gut zu wissen: Umgang mit dem älteren Hund

Es gibt viele Möglichkeiten, wie du deinen älteren Hund im Alltag unterstützen kannst: Erleichtere ihm zum Beispiel den Einstieg ins Auto, eventuell mit einer Rampe (was du natürlich schon mit deinem Hund längst geübt hast), mach aus einem großen vielleicht mehrere kleine Spaziergänge und stell das Futter gegebenenfalls auf Seniorenfutter um, das leichter und verträglicher ist. Leg ihn nicht zum alten Eisen und fass ihn nicht mit Samthandschuhen an, aber belaste ihn altersgerecht.

Bei deinem Lauftraining für den Marathon nimmst du ihn nur noch auf den kürzeren Einheiten mit, bring ihm dafür zusätzliche gymnastizierende Tricks bei wie zum Beispiel »Pfoten drauf« (Vorderpfoten auf etwas draufstellen), »Drumherum« (um etwas herumlaufen) oder »Steh« (klappt das »Steh« auf festem Untergrund, dann darf der Untergrund zur Stärkung der Tiefenmuskulatur wackeliger werden). Geh mit ihm zur Physiotherapie und lass dir dort Übungen zeigen, die seine körperliche Fitness und seine Koordination unterstützen. Am besten kommst du zu mir ins Online-Gymnastiktraining für Mensch und Hund, dann hältst du dich gleich selbst mit fitter.

Hat dein Hund in seinem bisherigen Leben kaum einen Tierarzt zu Gesicht bekommen, solltest du das im Laufe dieser Lebensphase verändern, denn der Senior-Check-up einmal pro Jahr ist eine gute Vorsorge und hilft, die Altersproblemchen und -probleme im Ansatz zu erkennen und zu behandeln.

Du kannst deinen Hund, je nachdem, was er hat, mit pflanzlichen Mitteln wie der Teufelskralle unterstützen, das Futter auf »seniorengerechtes« eiweißarmes Futter umstellen, um seine Nieren zu entlasten, und gegebenenfalls unterstützen ihn auch Medikamente, wenn er zum Beispiel durch Arthrosen Schmerzen hat.

Nach der Seniorphase folgt keine weitere Entwicklungsstufe. Das bedeutet, dass dein Hund in dieser Zeit eure gemeinsame Welt verlässt. Ein schrecklicher Gedanke, dennoch hilft es, sich schon jetzt damit zu beschäftigen. Hart wird es in jedem Fall und du solltest dich mental etwas wappnen.

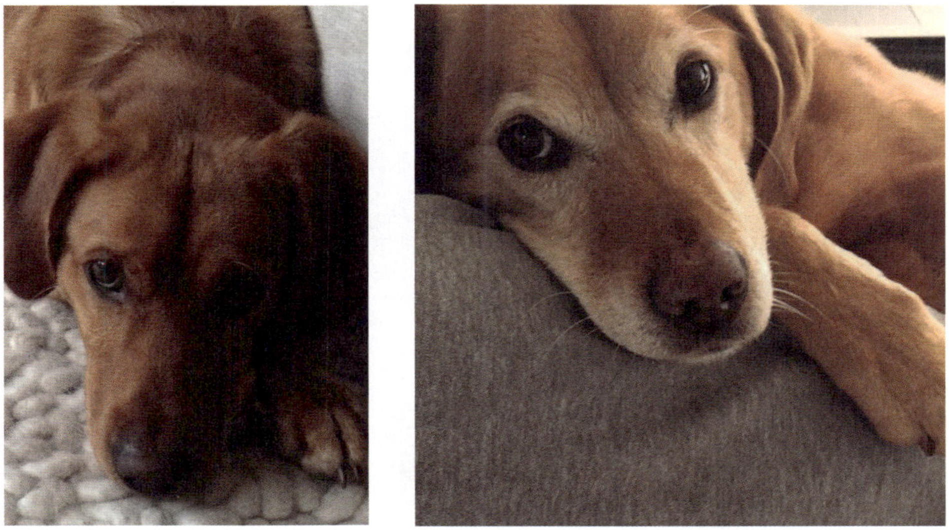

Schnauzenvergleich: junger und älterer Hund mit grauer Schnauze

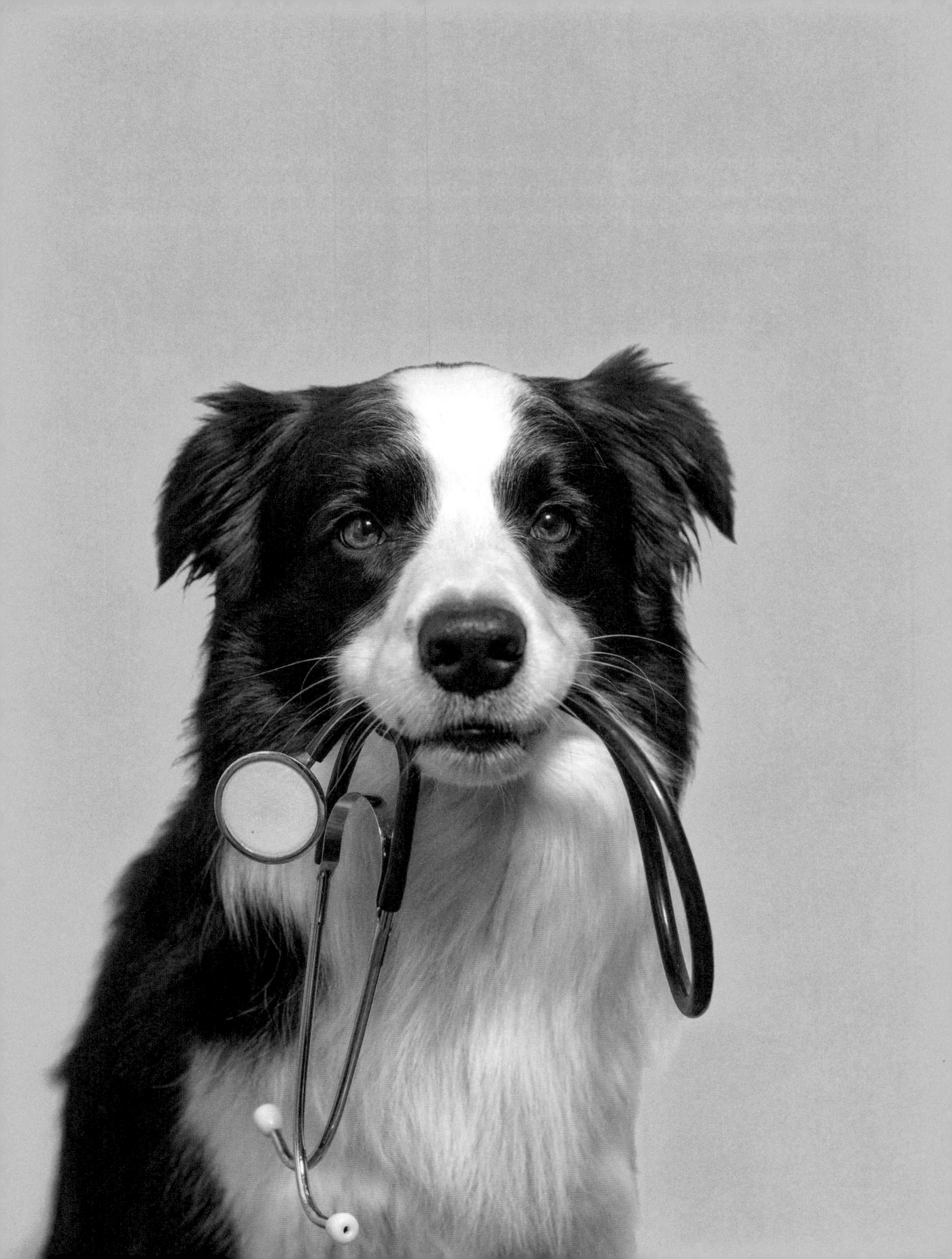

Gesundheitswissen – dein Hund von der Nase bis zur Schwanzspitze

In den folgenden Kapiteln kümmern wir uns genauer um die Anatomie und die einzelnen Vorgänge im Körper deines Hundes. Wir schauen uns gemeinsam an, welche Aufgaben die Organe erfüllen, wie das Wunderwerk Körper funktioniert und auch, was im Inneren deines Hundes passiert, wenn er krank wird. Jedes Organ – so wie überhaupt jeder Teil des Hundekörpers – hat zwar seine ureigene Aufgabe, aber erst das Zusammenspiel aller Organe und Körperteile ergibt schließlich ein gesundes Ganzes. Wenn dein Hund zum Beispiel in eine Glasscherbe tritt und sich den Ballen verletzt, dann wird eine ganze Kaskade an Vorgängen im Körper deines Hundes in Gang gesetzt. Die Wunde muss wieder verschlossen werden und darf sich dabei nicht entzünden. Der Hund muss Schmerz empfinden können, damit er seine Pfote schont und somit die Wunde nicht weiter aufreißt. All das muss sehr schnell in Gang gesetzt werden und exakt funktionieren, damit deine Fellnase bald wieder fröhlich herumtoben kann. Das ist so faszinierend und phänomenal. Und über solche Dinge und vieles mehr berichte ich dir auf den folgenden Seiten. Und damit fange ich nun an, und zwar ganz vorne bei der Nase.

Die Nase

Die Nase ist die vorderste Spitze des Hundes. Sie ist nicht nur anatomisch ganz vorne, sondern auch im Hinblick auf ihre einzigartigen Fähigkeiten. Manche Hunde erschnüffeln Drogen, andere finden verschüttete Menschen und wieder andere führen uns zum verlorenen Hausschlüssel, irgendwo fallen gelassen auf zigtausend Quadratkilometern. Das ist der helle Wahnsinn, oder?

Allgemeine Infos zur Hundenase

Schau es dir doch mal ganz genau an, das Wunderorgan deines Hundes. Zwei lustige Löcher, in der Mitte voneinander getrennt, untermauert von einer Linie und umgeben von hellen, dunklen, hell-dunklen oder roten oder ganz andersfarbigen Pigmenten, die sich äußerst lustig anfühlen und gerne leicht feucht daherkommen. Diese Struktur der Hundenase nennt man übrigens »**Backsteinblattern**«.

Und erst im Inneren. Da wird das Riechorgan erst vollkommen. Hier können wir zwar nicht mehr hinsehen oder gar hinfühlen, aber dennoch weiß man bereits schon eine Menge über die Dinge, die hier im tiefen Inneren passieren.

Die Nasenlöcher, die du von außen siehst, sind Röhren oder Gänge, die ins Innere der Nase führen. Diese Gänge verzweigen sich im Inneren der Hundenase, und jeder Gang hat seine eigene Aufgabe, zum Beispiel Atmen und Riechen. Das ist doch einfach fantastisch, oder? Wie da alles so Hand in Hand arbeitet …

Erstaunliches zur Hundenase

Ein entspannter Hund macht circa 10 bis 30 Atemzüge pro Minute. Je kleiner der Hund, desto mehr Atemzüge macht er. Die **Atemfrequenz** sollte immer unter 40 Atemzügen pro Minute liegen. Wenn ein Hund arbeitet, dann vervielfachen sich die Atemzüge erheblich, nämlich auf 250 bis 300, und das ebenfalls pro Minute. Wir Menschen atmen in Ruhe circa 12- bis 18-mal pro Minute. No chance auf mehrere hundert Atemzüge pro Minute, nicht mal, wenn wir hyperventilieren würden. »Na und?«, sagst du jetzt vielleicht. Dann atmen sie halt häufiger, unsere Fellnasen. Aber die Frequenz der Atemzüge ist extrem wichtig und besonders, denn genau dadurch sind unsere Hunde so effektiv und herausragend in ihrer Schnüffelarbeit. Auch beim Hecheln – das tut ein Hund zum Beispiel, wenn er sich körperlich angestrengt hat, ihm zu warm ist oder er sich aufregt – atmet er übrigens durch die Nase ein, aber dann über das Maul aus.

Wir Menschen kommen auf läppische fünf Millionen **Riechzellen**, Hunde dagegen können mit 125 bis 220 Millionen Riechzellen aufwarten. Die Riechschleimhäute insgesamt haben beim Menschen eine Oberfläche von fünf Quadratzentimetern. Hunde verfügen dagegen über Riechschleimhäute mit einer Oberfläche von bis zu 200 Quadratzentimetern. Das ist das nahezu 40-Fache! Der konkurrenzlos beste Schnüffler ist übrigens der Bloodhound, der Bluthund, denn er kommt auf etwa 300 Millionen Riechzellen – da kommt keine andere Rasse mit.

Hunde haben ein zusätzliches Riechorgan: **das Jacobson-Organ**. Dieses befindet sich etwas versteckt im Gaumen hinter den Schneidezähnen und hat eine Spezialaufgabe, nämlich das Wahrnehmen von Pheromonen, von Duftstoffen. Das ist zum einen für die Hundemänner super, denn sie können dadurch noch viel besser läufige Hündinnen erschnüffeln, und zum anderen hilft es unseren Vierbeinern, uns zu verstehen – sie erkennen dadurch unsere menschlichen Gefühle. Denn so verrückt es klingt: Wut riecht anders als Angst oder Liebe, und das kann ein Hund tatsächlich riechen.

Gut zu wissen: Wie du die Atemfrequenz deines Hundes messen kannst

Die Atemfrequenz der Hunde ist nur dann sinnvoll zu messen, wenn sie entspannt sind. Bei Stress atmen sie ja nicht mehr natürlich, sondern viel schneller, und dann hat man keinen neutralen Wert. Wenn du mit deinem Hund zum Tierarzt gehst und dein Hund ist dort völlig tiefenentspannt, dann kann der Tierarzt dort auch auf Atemfrequenz ermitteln, aber die meisten Hunde sind doch zumindest etwas aufgeregter beim Tierarzt.

Deswegen ist es sinnvoll, wenn du sie selber misst, und zwar dann, wenn dein Hund vor sich hindöst. Die Atemzüge werden pro Minute gemessen. Du kannst sie also eine Minute lang zählen oder eine halbe Minute lang und dann einfach mit zwei multiplizieren. Du siehst einen Atemzug an der Bewegung des Brustkorbs deines Hundes. **Einmal Heben und Senken = ein Atemzug.**

Wenn du das ab und an tust, kennst du die Ruheatemfrequenz deines Hundes. Und wenn die sich verändert, weißt du auch, dass etwas nicht stimmt, und kannst reagieren. Außerdem kann es für den Tierarzt wichtig sein, zum Beispiel bei Herz- oder Atemwegsproblematiken. Und wenn er dich dann nach der Ruheatemfrequenz deines Hundes fragt und du kannst antworten, dann handelst du dir bestimmt gehörigen Respekt ein.

Und? Hast du die Nase deines Hundes inzwischen mal genau unter die Lupe genommen? Schau sie dir genau an, denn wenn du weißt, wie sie aussieht, wenn deine Fellnase gesund ist, erkennst du sofort, wenn da was nicht stimmt.

Schnauzenvergleich Küwi und Mable

Hast du einen Welpen? Dann ändert sich die Farbe seiner Nase vielleicht noch. Als Mable noch ein Welpe war, war ihre Nase kohlrabenschwarz. Aber jetzt ist sie erwachsen, und ihre Nase ist ganz hell geworden. Rosa-anthrazit gemischt sozusagen. Und wie sieht die Nase deines Hundes aus?

»Wie, jetzt?«, fragst du dich vielleicht. »Ich weiß doch, wie die Nase meines Hundes aussieht – die sehe ich doch eh jeden Tag.« Ja, sicher, aber sieh sie dir in entspannter Atmosphäre mal ganz genau an, dann hast du allen Grund zum Staunen – und du kannst dabei das Band zwischen dir und deiner Fellnase vertiefen. Denn sicher ist dein Hund überrascht, wenn du dir seine Nase intensiv ansiehst, sie anfasst und untersuchst. Das ist »pflegende Dominanz«, wie man so schön sagt.

Kaum auf der Welt, erlebt ein Welpe schon die pflegende Dominanz seiner Mutter. Sie leckt zum Beispiel den Welpenbauch zur Anregung der Verdauung. Dabei nimmt sie allerdings keine Rücksicht auf das Befinden des Welpen. Was sein muss, muss sein. Manche Welpen jammern dabei und sind höchst empört darüber, so derart gestört zu werden, aber Mama setzt sich durch.

Pflegende Dominanz ausüben beim Kuscheln

Wir Menschen sollten es sensibler angehen, denn wir haben nicht den Vertrauensvorsprung, den die Mutterhündin hat.

Nutze deswegen entspannte Situationen, um deinen Hund zu untersuchen und dir die Nase und Co. genauer anzusehen, damit dein Hund grundsätzliches Vertrauen in deine Maßnahmen bekommt. Denn dann kannst du ihn auch in stressigen Situationen untersuchen, wenn ihn zum Beispiel eine Wespe gestochen hat oder er sich die Pfote verletzt und Schmerzen hat.

Ich hatte schon darauf hingewiesen, wie wichtig es ist, dass sich dein Hund anfassen lässt. Dazu ist ein großes Stück Vertrauen notwendig – und das kannst du gewinnen, indem du sensibel pflegende Dominanz anwendest.

Gut zu wissen: Wie du mit pflegender Dominanz Vertrauen aufbaust

Setz dich zum Beispiel zu deinem Hund auf den Boden oder, im Sommer, gemeinsam mit ihm auf eine Picknickdecke. Dann wird erst mal gekuschelt. Wichtig ist, dass du deinen Hund sanft und langsam streichelst, denn er soll ja entspannen und zur Ruhe kommen. Liegt dein Hund dann ganz gechilled bei dir, schaust du mal eben in sein Ohr. Und bevor sich dein Hund beschwert, kuschelst du schon wieder weiter.

Dann hebst du mal kurz eine Lefze an und schaust nach den Zähnen. Und wieder hast du schon losgelassen, bevor dein Hund sich aufregt. Schau dir auch die Pfoten an, heb sie mal an und halte sie für einen Moment fest. Beende diese Kuschel-Untersuchungseinheit mit Kuscheln. Dann hat dein Hund sie wunderbar in Erinnerung.

Beim nächsten Mal verlängerst du die Zeit der Untersuchungen ein ganz kleines bisschen. Und beim nächsten Mal wieder und immer so weiter. Bis du deinen Hund ganz entspannt in aller Ruhe komplett untersuchen kannst und er dir dabei voll vertraut. Das kann im Fall der Fälle Gold wert sein.

Krankheiten und Auffälligkeiten der Hundenase

Die Nase unserer Hunde ist einfach fantastisch, das ist nun glasklar. Leider kann ihr auch so einiges zustoßen und darüber berichte ich jetzt.

Fremdkörper im Nasenloch

Die beliebtesten Jahreszeiten für diese Fremdkörper im Hunde-Nasenloch sind Frühling und Sommer, denn in dieser Zeit wachsen und gedeihen Gräser, Getreide und Co. und bohren sich gerne in die hündischen Nasenlöcher, erst recht, wenn der Hund durchs Feld rennen darf.

Woran erkennt man, dass ein Hund etwas in der Nase stecken hat, was da nicht hingehört? Er wird **ständig niesen** nach dem Spaziergang, **mit der Pfote an die Nase gehen**, **den Kopf**

auf dem Boden wälzen, einfach alle **Verrenkungen** probieren, um das komische Ding/Gefühl in der Nase loszuwerden.

Bleibt der Fremdkörper länger in der Nase, dann kann es zu Entzündungen kommen. Dazu reichen einige Tage, dann ist die Entzündung bereits in vollem Gange. Das wiederum erkennt man daran, dass der Hund nur **einseitigen Nasenausfluss** hat. Hätte der Hund einen Schnupfen, würde es aus beiden Löchern laufen. Bei einer Entzündung durch einen Fremdkörper in einem Nasenloch fließt Sekret nur aus der entzündeten Seite.

Warte also nicht, bis sich der Fremdkörper entzündet, sondern **fahre sofort zum Tierarzt, wenn du einen Fremdkörper vermutest**, weil dein Hund niest und niest und niest und rupft und wälzt und pfötelt.

In der Nase rumprokeln finden Hunde äußerst gruselig, deswegen wird der Tierarzt mal in die Nase gucken, den Fremdkörper aber nur rausholen können, wenn er ganz vorne sitzt. Steckt das Fremdobjekt tiefer oder ist nichts sichtbar, dann muss der Hund in Narkose gelegt werden, damit Frau oder Herr Doktor ordentlich und erfolgreich gucken und pulen und den Fremdkörper herausholen kann. Genau genommen wird wahrscheinlich eine **Nasenspiegelung** durchgeführt. Dort sieht man, was in der Hundenase so los ist, und kann den eventuellen Unhold dort drinnen entfernen. Keine schöne Sache für den Hund. Eine Narkose ist nötig, alles ist unangenehm.

Deswegen hat es Sinn, seinem Hund beizubringen, auf dem Weg zu bleiben. Da freuen sich Bauer und Hundenase.

Zu feuchte und zu trockene Nasen

Inzwischen hast du dir aber wirklich die Nase deines Hundes genau angesehen und mal darauf getippt, oder? Ist sie feucht? Oder trocken? Beides ist okay, wenn es nicht zu extrem ist.

Eine gesunde Hundenase ist feucht, aber nicht nass, und etwas herauslaufen soll da schon mal gar nicht. Na ja, manchmal gibt es schon Nasenlauf-Situationen: Wenn sich ein Hund zum Beispiel riechend total anstrengt oder ein Rüde etwas sehr Erregendes riecht, dann kann es auch schon mal aus der Nase tropfen. Aber das sind dann besondere, vorübergehende Situationen. Danach sollte es auch wieder anders ein. Also keine Angst, wenn es kurzfristig mal »tropft« und »läuft«.

Aber Achtung, wenn das ein länger andauernder Zustand ist. Dann ist Schnupfen-Alarm, und du solltest deinen Hund gut beobachten.

Eine sehr warme Nase kann auch ein Anzeichen für Fieber sein, die Bestätigung oder Entwarnung bekommst du durchs Fiebermessen.

Schnupfen

Schnupfen bei Hunden erkennt man wie bei uns Menschen daran, dass es **aus der Nase deines Hundes tropft,** wie das eben so ist bei einem Schnupfen. Geht es deiner Fellnase trotzdem gut? Dann ist es nur ein Schnupfen, den haben wir alle mal. Das ist erst mal noch kein Grund zur Besorgnis.

Ist dein Hund dabei irgendwie lustlos, müde, erschöpft und will vielleicht sogar nicht mal fressen? Dann ab zum Hundedoktor!

Gut zu wissen: Der Tränennasenkanal bei brachyzephalen Rassen

Brachyzephalie – das ist der Fachbegriff für **»Kurzköpfigkeit«**. Einige Hunderassen werden gezüchtet, damit sie ein Leben lang klein und niedlich aussehen, zum Beispiel mit runden Köpfchen, großen Augen und kurzem Kiefer. Zu diesen Rassen zählt man zum Beispiel Bulldog-Arten, Boston Terrier, Boxer, Cavalier King Charles Spaniel, Möpse und Pekinesen.

Diese Fellnasen sind wirklich extrem süß, man verliebt sich sofort in sie, die Kleinen lösen Beschützerinstinkte aus – aber geschuldet ist das unter anderem einer Verformung des Schädels.

Wenn du einen Vierbeiner dieser Rassen hast, solltest du wissen, dass es zwischen den Augen und der Nase dieser Hunde eine Verbindung gibt, den **»Tränennasenkanal«**. Dieser kann verstopft sein, und wenn das der Fall ist, dann tropft es auch, aber nicht aus der Nase, sondern aus den Augen. Der Kanal läuft dann sozusagen über, weil er zu eng ist und schnell verstopft.

Dadurch tränen die Augen ständig, was vor allem bei weißen Hunden sehr gut sichtbar ist. Das eigentlich weiße Fell verfärbt sich nämlich durch die ständige Feuchtigkeit um die Augenpartie ins Rötliche. Wenn du deine Fellnase nicht regelmäßig (am besten täglich) pflegst, kann es durch die Dauerfeuchte und Bakterien in der Flüssigkeit zu Entzündungen kommen. Und die tun weh, sind unangenehm, jucken ...

Also, wenn du so einen kleinen Schatz hast, tu ihm täglich etwas Gutes und pflege die Augen. Hat ein Hund dieses Problem, kann der Tierarzt den Gang freispülen.

Manchmal ist das Problem damit grundsätzlich gelöst, manchmal leider nur vorübergehend. In manchen Fällen kommt auch eine OP infrage. Bei dieser OP werden die Nasengänge geweitet.

Brachyzephalie beim Mops

Nasenbluten

Ein weiterer Fall für den Tierarzt ist das Nasenbluten. Hier ist wirklich Eile geboten, denn Nasenbluten kann zum Beispiel ein Symptom dafür sein, dass dein Hund **Rattengift** gefressen hat. Ein anderer Grund für Nasenbluten kann ein Tumor in der Nase sein, aber auch **Gerinnungsstörungen** sorgen für Nasenbluten.

Wenn dein Hund Nasenbluten hat, sieh dir an, ob nur aus einem Nasenloch oder aus beiden Nasenlöchern Blut herauskommt. Kommt nur aus einem Nasenloch Blut, ist es ein **Hinweis auf einen Fremdkörper oder einen Tumor**. Kommt aus beiden Nasenlöchern Blut, ist es ein **Hinweis auf ein systemisches Problem**, sprich eine Gerinnungsstörung des Blutes.

Du kannst dem Tierarzt also mit deiner Beobachtung dabei helfen, die richtige Diagnose möglichst schnell herauszufinden.

Auf zum Tierarzt!

Wann du deinen Hund unbedingt zum Tierarzt bringen musst:

- Nasenbluten jeglicher Art
- ständiges Niesen

Die Maulhöhle

Ganz vorne in der Maulhöhle sind die Zähne, und mit denen beschäftigen wir uns auch als Erstes. Ein gesundes Gebiss ist die Voraussetzung für einen gesunden Hund – das Zusammenspiel aller Zähne sorgt dafür, dass die Nahrung zerkleinert wird, sodass sie geschluckt werden kann. Aber nur, wenn alle Zähne vorhanden sind und richtig sitzen, können sie auch effektiv arbeiten.

Allgemeine Infos zum Hundegebiss

Schau dir die Beiß- und Fresswerkzeuge deines Hundes gerne als Erstes wieder genauer an. Wie viele Zähne zählst du denn da so und wie sind sie geformt? Ist dein Hund noch jung genug für die Milchzähne? Oder hat er bereits sein bleibendes Gebiss? Oder ist er gar mittendrin im Zahnwechsel? Es gibt eine Menge Interessantes im Maul deines Hundes zu entdecken.

Milchzähne und bleibende Zähne

Alles fängt zunächst mit den Milchzähnen an – wie bei uns Menschen auch. Die fallen wieder aus, und wenn alles gut geht, kommen die neuen schick und in der richtigen Form und Stellung und am richtigen Ort nach. Der Vorgang ist bei Hund und Mensch gar nicht so unterschiedlich.

Der Mensch hat im Idealfall 20 Milchzähne, die zwar schon vorgeburtlich angelegt sind, aber erst in einem Alter von einigen Monaten in Erscheinung treten. Genauso ist es beim Hund. Die Anlage ist bereits vorhanden, wenn der Welpe geboren wird, aber sie zeigen sich erst nach ungefähr drei Wochen. Damit sind unsere Hunde mal wieder schneller als wir. Wofür wir Monate brauchen, das erledigen sie in Wochen. Und sie sind nicht nur schneller, sondern haben auch mehr als wir, nämlich acht Stück, das macht dann insgesamt **28 Milchzähne** beim Hund.

»Na ja, die fallen ja eh wieder aus, nicht so wichtig«, denkst du jetzt vielleicht? Von wegen. Es ist sogar sehr wichtig, dass du die Milchzähne gut beobachtest, denn wenn sie schief stehen oder abbrechen, kann es deiner Fellnase sehr weh tun und es kann zu Entzündungen kommen. Wie sollen die bleibenden Zähne gesund und korrekt stehen, wenn die Vorhut bereits schlecht dasteht?

Unsere Menschenzähne können eine ganze Menge. Sie haben eine enorme Kraft. Aber unsere Hunde übertrumpfen uns auch hier wieder. Ihr **zweites, komplettes Gebiss besteht aus 42 Zähnen**. Der Wechsel zu diesen zweiten, bleibenden Zähnen vollzieht sich im Idealfall im Alter von vier bis sechs Monaten. Normalerweise geht das ohne große Probleme vonstatten. Zumindest bei den größeren Rassen. Hier haben die kleinen Rassen, die Gesellschaftshunde, leider das Nachsehen.

Gut zu wissen: Zahnwechsel bei kleinen Rassen ist nicht ohne

Ein typisches Problem der kleinen Rassen besteht darin, dass die neuen Zähne oft schon hervorkommen, die Milchzähne aber noch nicht ausgefallen sind. Dann haben die neuen Zähne nicht genug Platz, um korrekt zu wachsen, und werden schief.

Würden die Milchzähne im Maul bleiben, könnte es also zu Gebiss-Fehlstellungen kommen. Das kann etliche Nebenwirkungen mit sich bringen:

- Die Schiefstellung kann sich auf den Kiefer auswirken,
- es kann zu Problemen beim Fressen kommen, weil der Hund nicht mehr korrekt zubeißen kann,
- die Zähne werden unterschiedlich stark abgenutzt und die Gefahr von Parodontose und Co. steigt.

Im günstigsten Fall sind nur die Eckzähne von der Doppelbesetzung betroffen, im schlimmsten Fall alle Zähne, was man dann **»Haifisch-Gebiss«** nennt: Alle Zähne sind jetzt sozusagen in doppelter Ausführung vorhanden, und dafür ist viel zu wenig Platz im Maul.

Hier muss dringend der Tierarzt ran und Platz für nur die neuen, bleibenden Zähne schaffen.

Das Gegenteil ist zwar viel seltener, kann aber auch der Fall sein, nämlich dass sowohl die Milchzähne als auch die später bleibenden Zähne gar nicht kommen, weil sie zum Beispiel gar nicht angelegt sind oder so schief im Kiefer sitzen, dass sie keine Chance haben durchzubrechen. Oder sie kommen zwar raus, wachsen aber krumm und schief. **Das ist wieder ein Fall für deinen Tierarzt, und dieser wird dich wahrscheinlich zu einem Spezialisten schicken, also einem Hunde-Zahnarzt.**

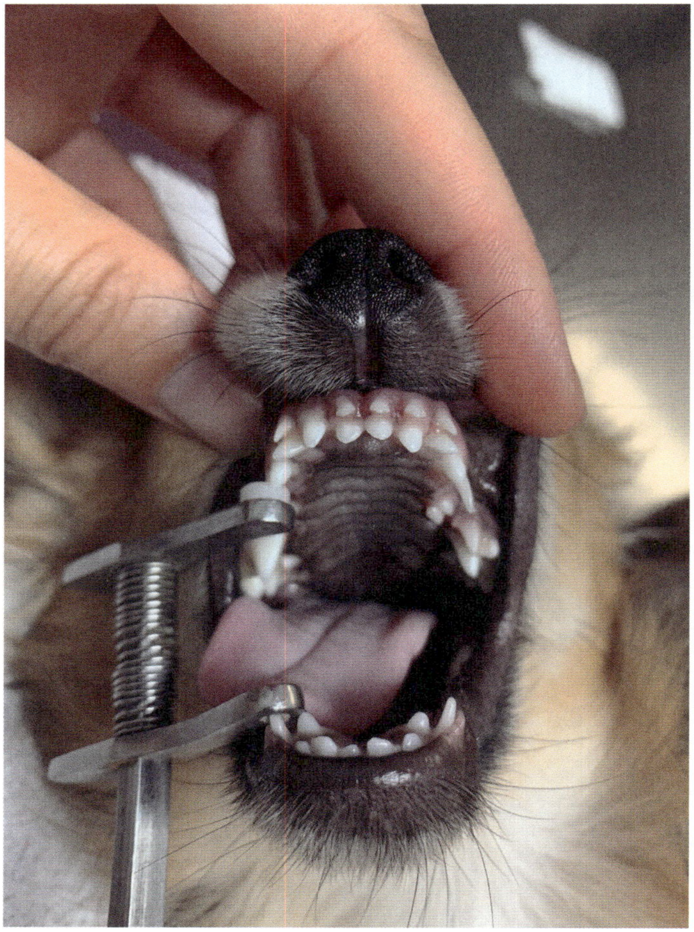

Sogenanntes »Haifisch-Gebiss«

Wenn du dir unsicher bist, ob im Maul deines Hundes alles mit rechten Dingen zugeht, und besser noch sowieso solltest du den Tierarzt mal reinschauen lassen, wenn dein Hund circa sechs Monate alt ist. Ist der Tierarzt zufrieden, dann weißt du wirklich mit Sicherheit, dass alles okay ist.

Gut zu wissen: Schau einem neuen Familienmitglied ins Maul

Achtung: Wenn du dir einen Hund beziehungsweise Welpen in deine Familie holen möchtest, schau ihm ins Maul. Siehst du hübsche weiße Zähne in normaler Anordnung? Oder siehst du vielleicht schon Fehlstellungen oder Ähnliches? Ein seriöser Züchter legt Wert auf gesunde Hunde und würde dich entweder auf Fehlstellungen aufmerksam machen oder du findest gar keine.

Wenn du im Maul deines Wunsch-Welpen etwas »Komisches« siehst, sprich es unbedingt beim Züchter an. Ist er seriös, ist seine Antwort offen, ehrlich und fachlich kompetent.

Der Handel mit süßen Welpen ist sehr lukrativ, und immer mehr Hunde werden nicht liebevoll und seriös gezüchtet, sondern für lukrative Geschäfte einfach in großen Mengen vermehrt. Heraus kommen da oft kranke, ungesunde und sogar missgebildete Hunde. Davon solltest du unbedingt Abstand nehmen, denn sonst unterstützt du diese skrupellosen Händler.

Nun gehen wir mal von wunderschönen, wohlgeformten und korrekt angeordneten Zähnen aus. Auch denen kann es schlecht ergehen, indem sie zum Beispiel abbrechen. Zu wild getobt, auf etwas zu Hartes ungünstig draufgebissen – und zack, ist es passiert. **Auch jetzt ist ein fachmännischer Blick des Tierarztes sinnvoll.** Er kann dir sagen, ob und was nun getan werden muss.

Mable hat tolle Zähne. Selbst mit ihren fast acht Jahren hat sie kaum Zahnstein und kann mit ihnen wunderbar einer ihrer Lieblingsbeschäftigungen nachgehen, dem Fressen. Aber ihre beiden Schneidezähne vorne sind schief. Nicht sehr, aber etwas schief. Das ist aber ein Ausmaß, mit dem sie wunderbar bis ins hohe Alter leben kann. Und da ich ihre Zähne regelmäßig putze, habe ich auch immer einen Blick darauf und würde ungünstige Veränderungen entdecken und könnte Mable dann sofort zu meiner Tierärztin bringen.

Aber was genau bedeutet denn nun »tolle Zähne«? Und was steckt hinter all diesen komischen Bezeichnungen wie Scheren- oder Zangengebiss? Bevor wir uns das genauer anschauen, kümmern wir uns zuerst noch um die richtige Pflege.

Zähneputzen

Menschenkinder sollten ihre Milchzähne putzen, obwohl sie ja wieder ausfallen. Genauso verhält es sich mit den Hundezähnen – auch sie sollten geputzt werden. Und zwar sowohl die Milchzähne als auch die bleibenden.

Mables Zähne sind von Natur aus sehr gut. Meine eigenen Zähne sind es auch, trotzdem putze und pflege ich sie, damit das auch so bleibt. Und genau aus diesem Grund solltest du auch die Zähne deines Hundes putzen. Du kannst dazu eine ganz normale Zahnbürste nehmen und natürlich keine Menschen-, sondern **Hundezahnpasta** mit zum Beispiel Hühnchengeschmack.

Es gibt auch elektrische, extra geräuschlose Zahnbürsten für Hunde.

Ich persönlich nehme entweder eine ganz normale, kleine Zahnbürste oder einen Fingerling, der ist schön klein und handlich. Und natürlich schmeckt Mables Zahnpasta nicht nach Minze, sondern nach Leberwurst. Das ist eine wirklich gute Prophylaxe gegen Zahnstein, Parodontose und sonstige Zahnerkrankungen und sollte mehrfach pro Woche durchgeführt werden.

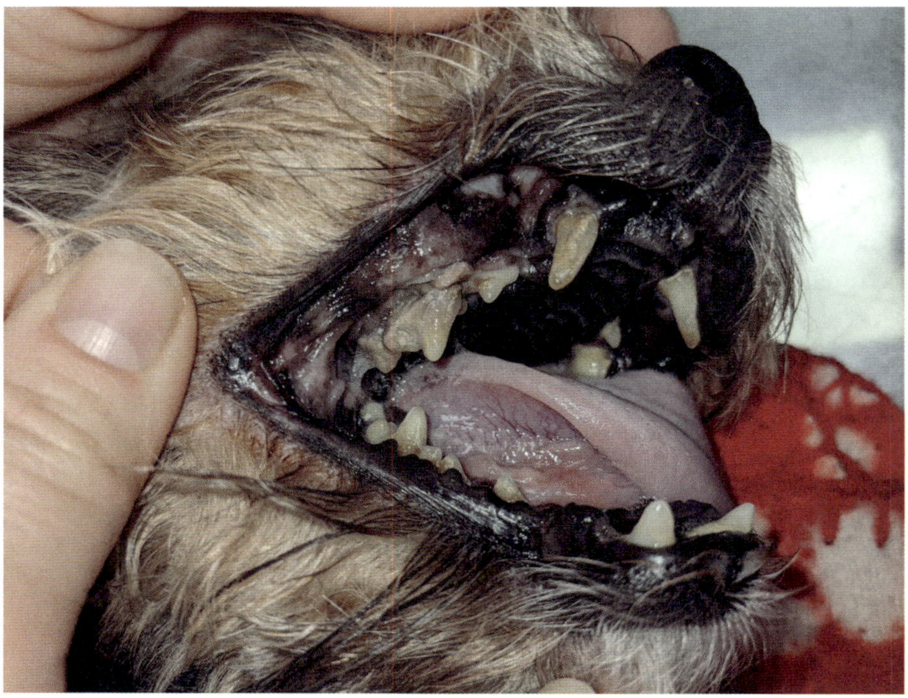

Zahnstein beim Hund

Tägliches Putzen ist sicher das Allerbeste, mindestens alle zwei Tage wird empfohlen. Eine kreative Möglichkeit ist das tägliche Putzen im Wechsel von oben und unten. Also an einem Tag putzt du die oberen Zähne deines Hundes und am nächsten die unteren.

Gut zu wissen: Zahnhygiene ist gleichzeitig auch »pflegende Dominanz«

Das Zähneputzen ist auch für eure Beziehung eine tolle Sache, denn was tust du wieder, wenn du deinem Hund die Zähne putzt? Du übst »pflegende Dominanz« aus, richtig. Wie eine Mutterhündin die Welpen zur Bauchmassage auf den Rücken dreht, ob das dem Welpen gerade passt oder nicht, genauso machst du es auch. Du tust deinem Hund etwas Gutes, unterstützt ihn beim Gesundbleiben und baust Vertrauen auf. Deswegen machst du es auch nicht wie Mama Hund, egal ob es Welpi passt oder nicht, jetzt gibt's eine Bauchmassage, sondern du schaffst eine chillige, entspannte Atmosphäre und erst dann gibt's Zahnhygiene. Also nicht, wenn dein Hund gerade die Bude rocken möchte, sondern wenn er entspannt ist, ihr draußen wart und nun Ruhe angesagt ist.

Gebissarten

Das **Scherengebiss** ist der optimale Fall: Hier ragen die Schneidezähne des Oberkiefers leicht über die Schneidezähne des Unterkiefers. Beißt ein Hund mit Scherengebiss die Zähne zusammen, ragen die oberen Zähne eben etwas über die unteren hinaus. Das ist bei uns übrigens ganz genauso. Wenn du deine Zähne zusammenbeißt, dann ragen auch deine oberen Zähne über die unteren hinaus.

Beim **Zangengebiss** liegen die oberen Schneidezähne direkt über den unteren. Wenn der Hund die Zähne zusammenbeißt, dann drücken sie aufeinander wie bei einer Zange (daher auch der Name). Das ist ungünstig, weil es Reibung erzeugt und sich somit die Zähne schneller und stärker abnutzen. Und obendrein kaut es sich auch noch deutlich schlechter.

Nicht nur einzelne Zähne können schief oder falsch angeordnet, sondern auch der komplette Kiefer kann betroffen sein. Es wird zwischen einem **Vorbiss** und einem **Rückbiss** unterschieden. Bei manchen Rassen ist das zwar gewollt fürs Aussehen, aber es ist trotzdem eine Fehlstellung und ungesund, denn der Hund kann nicht richtig zubeißen. Muskeln, Sehnen und Faszien verziehen sich, die gesamte Statik des Kopfes und sogar des Körpers kann in Mitleidenschaft gezogen werden. Die Zähne werden einseitig abgerieben, es bildet sich sehr früh Zahnstein. Hunde mit starken Gebiss-Fehlstellungen haben oft schon mit einem Jahr oder sogar noch jünger starken Zahnstein. Dieser wiederum ist ein Herd für Bakterien, welche zu starker Entzündung des Zahnfleisches und gegebenenfalls der Zähne selbst führen können.

Du kennst das Erscheinungsbild bestimmt von Möpsen, Boxern, französischen und englischen Bulldoggen, Pekinesen und Bordeaux-Doggen. Der Unterkiefer ist bei diesen Rassen häufig länger als der Oberkiefer. Das nennt man Vorbiss.

Vorbiss bei einer englischen Bulldogge

Beim **Rückbiss** handelt es sich um die umgekehrte Fehlstellung, also dass der Oberkiefer länger ist als der Unterkiefer. Das kann bei jeder Rasse und jedem Hund passieren, gesehen habe ich es bei Schäferhunden.

Um zu erspüren, welche Bedeutung diese Fehlstellungen haben können, mach doch mal etwas Mundgymnastik. Schiebe den Unterkiefer nach vorne und bleibe eine Weile so. Anstrengend, was? Und nun willst du essen oder trinken … Nix geht so richtig, weil es eine Fehlstellung deines Kauapparates wäre, wäre es immer so. Probiere es gerne auch noch andersherum, schiebe den Unterkiefer nach hinten. Auch nicht wirklich besser. Das gleiche Dilemma nur umgekehrt.

Aktuell habe ich eine englische Bulldogge im Training, Murphy. Er hat einen ganz extremen **Vorbiss,** und das ist in vielen Situationen ungünstig für ihn. Wenn Frauchen ihn mit einem Leckerchen belohnen möchte, kann sie es ihm nicht einfach geben, sondern muss es ihm ins Maul pulen, weil er es sonst gar nicht richtig aufnehmen könnte. Er atmet wie eine Dampflok und beim Fressen fällt ihm oft das Futter wieder aus dem Maul.

Ich liebe Hunde, das ist mal ganz klar. Genau deswegen plädiere ich für die Zucht von gesunden Hunden. Gerade bei der Zucht von Rassehunden haben wir die Chance, auf die Gesundheit Einfluss zu nehmen. Und das sollte immer im Sinne des Hundes sein. Ein gesundes Gebiss ist für unsere Hunde Teil einer hohen Lebensqualität. Tun wir doch alles dafür, ihnen diese zu geben.

Hast du dir übrigens selbst schon mal auf die Zunge oder die Lippe gebissen? Ich mir schon, und das tat heftig weh und hat auch oft geblutet. Und das war nur aus Versehen und ich bin sofort wieder zurückgezuckt. Aber unsere Zähne haben enorme Kräfte. Man nennt die Kraft unserer Zähne »**Beißkraft**«. Sie gibt das Ausmaß der Kraft des Kiefers bei einem Biss an und wird in Newton gemessen. Genau genommen ist es aber der Druck der Zähne, der auf das zu verschlingende Objekt ausgeübt wird, also könnte man es auch »Beißdruck« nennen.

Unsere menschliche Beißkraft ist schon sehr hoch. Unsere Zähne gelten deshalb auch als die stärksten Waffen unseres Körpers. Aber die Beißkraft eines Hundes ist um ein Vielfaches höher.

Krankheiten und Auffälligkeiten der Maulhöhle

Schauen wir uns nun genauer an, welche am häufigsten auftretenden Probleme es bei der Maulhöhle geben kann.

Fremdkörper im Rachen

Wir sind am Ende der Maulhöhle angekommen, und zwar am hinteren Ende, dem Rachen. Hier hinten können auch Fremdkörper drinstecken. Das können zum Beispiel Teile von Stöcken sein, auf denen Hunde leider oft herumkauen, oder Geflügelknochen, und die müssen dringend wieder raus. Und das am besten mithilfe des Tierarztes.

Gut zu wissen: Verletzungsgefahr durch Stöcke und Äste

Ein häufiger und unnötiger Grund für den Besuch beim Tierarzt sind Stöcke. Hunde zerbeißen sie, tragen die dicksten und größten Äste angeberisch mit sich herum, und es macht ihnen auch Spaß, sich darum zu balgen und zu rangeln und zu zerren. Aber: **Stöcke bergen eine Reihe von Gefahren, und deshalb solltest du sie deinem Hund verbieten.**

Stöcke splittern leicht und diese Splitter finden sich dann wiederum leicht im Zahnfleisch deines Hundes wieder. Stöcke können sich in den Boden bohren, und wenn dein Hund jetzt mit dem Maul danach schnappt, kann der Stock, der eigentlich für Freude im Spiel sorgen sollte, zum tödlichen Speer werden, sich durch den Gaumen bohren und, wenn es richtig schlimm kommt, verblutet dein Hund jämmerlich.

Oder wie es erst kürzlich meiner Kundin Lisa und ihrem Schäferhund Pepper passiert ist: Der Stock sitzt auf einmal quer im Rachen und der Hund droht zu ersticken.

Es geht oft gut, aber eben nicht immer, und dann kann es lebensbedrohlich sein. Und das ist wirklich unnötig. Also ignoriere deinen Hund, wenn er mit Stöcken ankommt, und biete ihm tolle, ungefährliche Alternativen. Oder verbiete ihm den Stock und geh einfach mit ihm weiter.

Infektionen des Rachens

Wenn dein Hund sich die Seele aus dem Leib hustet, und es so klingt, als ob er etwas loswerden möchte, als ob er etwas heraushusten wollte, dann steckt möglicherweise kein Fremdkörper im Hals des Hundes fest, sondern er ist entzündet.

Also ist es nun ein Fremdkörper, Husten oder eine Entzündung im Hals? Oder vielleicht etwas ganz anderes? Du bist dir nicht sicher?

Wenn dein Hund nicht aufhört zu husten, geh mit ihm zum Tierarzt. Der kann tief in den Rachen deines Hundes hineinschauen und prüfen, ob da etwas drinsteckt oder ob es dort rot und entzündet ist und eine Erkrankung vorliegt. Und er kann dir beziehungsweise deinem Hund dann weiterhelfen.

Wenn es sich um eine Erkrankung handelt, also eine Infektion vorliegt, dann könnte es zum Beispiel **Zwingerhusten** sein. Der Hals ist entzündet, Schuld daran sind verschiedene Bakterien und Viren. Zwingerhusten ist **sehr ansteckend.** Dann ist das Toben mit anderen Hunden vorübergehend tabu. Dein Tierarzt hat natürlich auch Medikamente, die den Hustenreiz lindern, und er gibt deinem Hund auch Mittel zur Unterstützung des Immunsystems.

Wenn der Husten nicht allzu schlimm ist, kannst du ihm mit Mitteln aus deiner eigenen **Hausapotheke** helfen, zum Beispiel mit einem Hustensaft, in dem kein Alkohol enthalten ist. Es ist ein unbedenkliches pflanzliches Mittel, das den Hustenreiz lindert. Es tut deinem Hund gut und dir auch, denn du leidest sicher mit deinem hustenden Schatz schrecklich mit und möchtest nicht zur völligen Tatenlosigkeit verdammt sein, oder? Wenn möglich, vermeide in diesen Tagen auch ein Halsband. Zieht dein Hund nämlich mal dran, bekommt seine Luftröhre den Druck des Halsbandes ab und das ruft wieder neuen Hustenreiz hervor.

Bitte beobachte deinen Hund jetzt besonders gut. Ist er fit? Läuft er herum und ist trotz dieses nervigen Hustens gut gelaunt und gut drauf? Dann brauchst du dir keine Sorgen zu machen. Wir Menschen haben auch mal eine Infektion und husten ein paar Tage vor uns hin, fühlen uns aber ansonsten einigermaßen fit und nach ein paar Tagen ist der Spuk wieder vorbei. So ergeht es deinem Hund bei einem einfachen Infekt des Rachens ebenfalls.

Ist der Spuk aber nicht nach wenigen Tagen vorbei und dein Hund liegt außerdem noch matt auf seiner Decke und hat nicht mal Lust zum Fressen? Dann ist Vorsicht geboten. Dann solltest du Fieber messen, und hat dein Hund tatsächlich Fieber, auf zum Tierarzt, denn dann könnte es etwas Schlimmeres sein, zum Beispiel eine **Lungenentzündung**. Darüber sprechen wir im Kapitel »Die Lunge« noch genauer.

Hecheln

Wenn deinem Hund zu heiß ist, dann hechelt er. Hunde hecheln auch noch aus anderen Gründen, zum Beispiel weil sie Schmerzen oder Stress haben, aber in diesem Fall wegen der Hitze. Beim Hecheln saugt dein Hund die Atemluft in extrem hoher Frequenz durch die Nase ein und durch den Mund geht die Luft wieder raus. Die Feuchtigkeit aus der Luft wird dabei absorbiert. Es entsteht so eine Art Verdampfungsprozess und der kühlt Zunge, Maul und Rachen. Außerdem ist die Zunge voller Blutgefäße und so wird das Blut gleich mitgekühlt. Wenn dein Hund nun im geschlossenen Auto sitzt, und draußen ist es richtig warm, dann kommt keine neue, feuchte Luft ins Auto und der Verdampfungsprozess kommt irgendwann zum Erliegen. Dein Hund kann sich nicht mehr abkühlen. Er trocknet aus, überhitzt und es kommt zum **Kreislaufkollaps**. Und wenn spätestens jetzt keine Rettung kommt, stirbt dein Hund im Extremfall qualvoll.

Deswegen ist es unglaublich wichtig, dass dein Hund **niemals, wirklich niemals bei Wärme im geschlossenen Auto** bleibt! Öffne alle Fenster etwas, sodass die Luft zirkulieren kann, und stell dein Auto unbedingt in den Schatten. Und wenn du nur schnell zum Einkaufen fährst, lass ihn besser gleich zu Hause. Es kann sein Leben retten! Schon wenn es draußen nur 20 Grad warm ist und wir sagen »Oh, angenehm frisch heute«, kann es im Auto in der Sonne über 40 Grad heiß werden. Ein Backofen für deinen Hund, der bei einem halbstündigen Einkauf schon tödlich sein kann. Deswegen: Vorsicht ist die Mutter der Porzellankiste. Sorge für kühle Temperaturen und Luftzirkulation, Schatten, und lass deinen Hund zu Hause, wenn du nicht weißt, wo du einen Schattenparkplatz bekommst und wie lange dein Vorhaben dauert. Das kann das Leben deines Hundes retten.

Auf zum Tierarzt!

Wann du deinen Hund unbedingt zum Tierarzt bringen musst:

- Atemnot
- Fremdkörper im Rachen
- dauerhaftes Husten

Die Augen

Sieht unser Hund eigentlich besser als wir? Oder nur schwarz-weiß? Oder ganz schlecht? Bevor wir dieses Geheimnis lüften, sehen wir doch mal genau hin. Und das in live, echt und in Farbe: Welche Augenfarbe hat dein Hund denn? Hat vielleicht jedes Auge seine eigene Farbe? Sehen beide Augen gleich aus? Gleich groß? Gleich geformt?

Meine Goldie-Dame Mable hat wunderschöne braune Augen. Je nach Licht und Stimmung erscheinen sie heller oder dunkler und manchmal fast schwarz. Ihre Wimpern sind genauso weiß wie ihr Fell, aber dafür hat sie einen schwarzen »Kajalstrich« komplett um die Augen herum, was toll aussieht. Und wie sehen die Augen deines Hundes aus?

Unterschiedliche Augenfarbe bei Küwi

Allgemeine Infos zum Hundeauge

Wir Menschen öffnen unsere Augen bereits am Tag unserer Geburt. Und hier sind wir endlich mal schneller als unsere Hunde, denn die lassen sich dafür so zwei bis drei Wochen Zeit. Mit circa zwei Wochen geht es los mit dem Öffnen. Das sieht manchmal sehr lustig aus, denn sie öffnen nicht schlagartig beide Augen, sondern erst nach und nach. So kann es sein, dass der Welpe erst mal nur ein Auge öffnet, und das andere kommt erst im Lauf der Woche hinterher. Dann hat man vorübergehend einen lustigen einäugigen Banditen vor sich.

Sind beide Augen geöffnet, sieht der Welpe immer besser. Und irgendwann hat er Adleraugen und sieht alles viel, viel besser als wir, oder?

Wenn du genau hinschaust, und das regelmäßig, siehst du auch, wenn sich das Auge verändert. Und wenn dir das auffällt, sollte gegebenenfalls auch dein Tierarzt mal draufschauen. Denn das kann verschiedene Gründe haben. Und bei manchen Veränderungen ist es wichtig, dass das Auge sofort behandelt wird. Aber mal der Reihe nach und erst mal ein bisschen Theorie.

Nein, keine Bange. Ich erkläre dir jetzt nicht die komplette Anatomie des Auges. Aber ein paar wichtige und spannende Details picke ich heraus.

Wie Hunde sehen

Schauen wir uns an, was und wie Hunde überhaupt sehen, vergleichen wir es mit unseren Menschenaugen und recherchieren mal, wofür das alles so gut ist. Hundeaugen sehen nämlich nicht einfach nur mehr und manchmal auch gar nicht besser als Menschenaugen, sondern anders.

Bei den Leistungen der Hundeohren sind wir Menschen raus. Da sind wir deutlich unterlegen und beim Riechen brauchen wir gar nicht erst mitzureden. Aber bei den Augen kann man nicht pauschal sagen »Hunde sehen besser«, sie sehen eben wie gesagt einfach anders. Und das mal genauer zu betrachten, ist höchst spannend.

Das Auge allgemein gesprochen ist ein technisches Hilfsmittel dafür, Signale einzufangen und so an das Gehirn weiterzugeben, dass dieses wiederum damit Bilder empfangen kann, mit denen es dann arbeitet. Das Auge ist also unser Technik-Apparat und unser Gehirn sorgt für die Bilder. Ein Dolmetscher, der das Gesehene dem Gehirn so übersetzt, dass es damit etwas anfangen kann.

Um zu verstehen, warum Auge nicht einfach gleich Auge ist, egal wem es gehört, sollten wir uns an Charles Darwin erinnern. Das ist der Naturwissenschaftler, der schon im 19. Jahrhundert bewiesen hat, dass die Lebewesen die höchste Überlebenschance haben, die am besten an ihre Umwelt mit ihren ganz speziellen Anforderungen angepasst sind. Deswegen ist Auge nicht gleich Auge, sondern es kommt darauf an, wofür es am häufigsten benötigt wird. Dementsprechend haben sich im Laufe der Evolution ganz unterschiedliche Fähigkeiten entwickelt.

Die meisten Hunde leben heute bei uns Menschen. Sie stehen mit uns auf, gehen raus, wenn wir rausgehen, und betten sich zur Nachtruhe, wenn wir es tun. Sie bekommen ihr Futter von uns und sollen auf keinen Fall einfach alleine jagen gehen.

Ihre Augen sind aber noch auf ganz andere Zeiten programmiert. Und zwar auf die Zeiten, als das Jagengehen noch überlebenswichtig war. Und wann ist das Jagen am erfolgreichsten? In den frühen Morgenstunden und in der Dämmerung, ganz genau. Auch nur kleinste Bewegungen zu sehen, und das auch noch in großer Entfernung, war für unsere Ur-Hunde also überlebenswichtig. Sie mussten selbst bei schummrigen Lichtverhältnissen noch richtig gut sehen können. Und dafür gibt es Mittel und Wege, die sich in unser aller Augen befinden und die wir »Zapfen« und »Stäbchen« nennen.

Die **Stäbchen** sind für das Sehen von Graustufen zuständig. Sie vermitteln nur Hell-Dunkel-Eindrücke, sind dafür aber sehr lichtempfindlich. Das bedeutet, wer mit vielen Stäbchen gesegnet ist, kann auch bei schlechten Lichtverhältnissen noch gut sehen. Dafür aber nicht besonders bunt. So ergeht es unseren Hunden.

Die **Zapfen** wiederum sind für das Sehen von Farben zuständig. Damit sind wir Menschen stärker gesegnet als unsere Vierbeiner. Unsere Welt ist viel bunter als die unserer Hunde. Wir können die wunderbaren Farben des Regenbogens erkennen und eine schier unendliche Anzahl an Mischfarben. Das können unsere Hunde nicht. Aber das brauchen sie auch gar nicht.

Während für die Raubtiere das Licht selbst wichtig war, waren es für uns die Farben. Die Raubtiere mussten auch in der Dämmerung noch erkennen können, ob da ganz hinten ein Reh grast oder einfach nur ein Strauch still seine Äste in die Lüfte reckt. Wir wiederum mussten die Farben der Früchte erkennen und die Formen, um gute von giftigen und schlechten Früchten unterscheiden zu können.

Hunde sehen also in der Dämmerung besser, wir dafür bei Tag. Hunde sehen außerdem Bewegliches besser als wir, und das auch auf größere Entfernung. Steht zum Beispiel das gerade erwähnte Reh da ganz hinten am Ende des Feldes, sehen wir Menschen es noch, unser Hund jedoch nicht. Bewegt es sich aber, geht oder rennt gar davon, dann wiederum sieht es unser Hund besser.

Ich habe in all den Jahren des Hundetrainings übrigens schon viele kluge Hasen getroffen, die sich das ganz clever zunutze gemacht haben. Haben sie die Hunde entdeckt, sind sie nicht panisch davongerannt, sondern haben sich geduckt und sind ganz still und ruhig liegen geblieben. War der Wind jetzt mit ihnen, haben die Hunde sie nicht gewittert und sind manchmal nur ein paar Meter weiter an ihnen vorbeigelaufen.

Aber was genau sehen unsere Hunde nun? Dazu gibt es eine Vielzahl an Studien, und mit ihrer Hilfe hat man herausgefunden und aufzeigen können, wie Hunde die Welt sehen. Und das ist ungefähr so wie ein Mensch mit einer rot-grünen Farbenblindheit.

Besonderheiten des Hundeauges

Die Augen unserer Hunde sind wunderschön und die deines Hundes sind natürlich die allerschönsten. Und zusätzlich zu ihrer Schönheit haben sie auch noch eine Besonderheit und davon berichte ich dir jetzt.

Das Tapetum lucidum – der »leuchtende Teppich« der Hunde

Wir haben nun schon einiges über das Sinnesorgan Auge herausgefunden, aber ein wichtiger Teil des Auges darf nicht unerwähnt bleiben, und das hat nur der Hund. Hier gehen wir Menschen leer aus. Es nennt sich »Tapetum lucidum« und befindet sich in oder hinter der Netzhaut des Hundeauges. Der Name erinnert mich immer an »Tapete«, und damit treffe ich fast den Nagel auf den Kopf, denn es heißt übersetzt zwar nicht »leuchtende Tapete«, aber »leuchtender Teppich«.

Es handelt sich hierbei um eine lichtreflektierende Schicht, die dafür sorgt, dass der Hund auch bei geringen Lichtverhältnissen noch deutlich besser sehen kann als wir. Ein Restlichtverstärker sozusagen. Und diese Schicht ist für das grüne Leuchten in den Augen unserer Hunde verantwortlich, der »grüne leuchtende Teppich« sozusagen.

Du kennst das nicht? Dann mach mal ein Foto von deinem Hund und benutze den Blitz. Während bei uns Menschen Blitz-Fotos oft für rot leuchtende Augen sorgen, sorgen sie bei Hunden für ein leuchtendes Gelb-Grün bis sogar hin zu Violett. Und das liegt am Tapetum lucidum, denn diese Schicht enthält Kristalle, Salze und Farbpigmente, die das Licht reflektieren.

Bei deinem Hund leuchtet auch mit Blitz nichts in den behaupteten Farben? Das ist tatsächlich möglich, denn nicht jeder Hund hat zwangsweise diese Schicht. Und trotzdem sieht er in der Dämmerung noch besser als wir. Am Dämmerungsehen ist also nichts zu rütteln – da sind uns unsere Hunde deutlich voraus.

Bei Welpen sieht das allerdings oft noch anders aus, und man denkt, man hätte einen kleinen Blindfisch vor sich. Du legst deinem Welpen einen Hundekeks hin, und er sucht gar nicht richtig danach oder, wenn er sucht, findet er ihn nicht, obwohl er doch direkt vor ihm liegt. Oder du wirfst deinem Welpen einen Hundekeks zu und er findet auch diesen wieder nicht oder sucht erst gar nicht.

Keine Angst. Dein Welpe hat höchstwahrscheinlich nichts an den Augen. Er ist einfach noch total tapsig und unerfahren. Ein Welpe eben, ein Baby. Für einen Welpen ist der Hundekeks weg, wenn du ihn über ihn wirfst und er ihn nicht sieht. Einfach weg.

Rolle also den Hundekeks immer ganz langsam vor seinen Augen, und gib ihm den Keks direkt ins Maul, statt ihn schwungvoll zu werfen. Und dann steigerst du den Schwierigkeitsgrad von Tag zu Tag ein klitzekleines bisschen.

Tapetum lucidum

Das dritte Augenlid

Wir Menschen haben ein oberes und ein unteres Augenlid. Unsere Hunde haben noch ein drittes. Es liegt an der Innenseite des Auges und wird auch **»Nickhaut«** genannt. Diese Nickhaut ist quasi der eingebaute Scheibenwischer des Hundeauges. Das ist sehr praktisch und hilfreich: Fallen Fremdkörper aufs Hundeauge, werden diese – wie von einem Scheibenwischer – von der Nickhaut einfach wieder entfernt. Die Augen unserer Hunde sind also besser vor Fremdkörpern geschützt als unsere Menschenaugen. Das ist auch gut so, denn sie laufen ja viel tiefer am Boden als wir, und so bekommen ihre Augen viel mehr Staub und Dreck ab als unsere Menschenaugen.

Im nächsten Abschnitt geht es um die Augenerkrankungen, und da spielt das dritte Augenlid eine wichtige und eher unangenehme Rolle. Und zwar bei den Bindehautentzündungen: der häufigsten Augenerkrankung, wegen der der Hund den Tierarzt aufsuchen muss.

Krankheiten und Auffälligkeiten des Hundeauges

Um nicht nur die Schönheit, sondern auch die Gesundheit und Unversehrtheit der Augen unserer Fellschätze zu bewahren, sollten wir gut hinsehen.

Fremdkörper im Auge

Wenn ein Hund ständig ein **Auge zukneift** und dieses auch noch **tränt**, kann es sich um einen Fremdkörper handeln, der dann auf Dauer das Auge verletzt oder schon verletzt hat. Wenn das längere Zeit nicht behandelt wird, kann diese Verletzung dafür sorgen, dass der Hund sein Auge verliert. Deswegen ist es wichtig, in diesem Fall nicht erst einige Tage abzuwarten, ob es von alleine besser wird, sondern **zügig einen Tierarzt aufzusuchen**.

Im Idealfall »prügeln« sich Hunde nie, aber kommt es doch mal zu einer Beißerei, und danach kneift der Hund ständig sein Auge zu, kann es verletzt sein. Man sieht oft nichts, weil die Verletzung für das menschliche Auge zu klein ist. Oder aber es ist etwas in das Auge hineingeraten, was da nicht hingehört, ein kleines Stück von einem Ast beispielsweise, das ständig das Auge reizt.

Der Tierarzt gibt einen Farbstoff in das Auge, um zu gucken, ob die Hornhaut verletzt ist. Ist das der Fall, dann sind entweder Medikamente das Mittel der Wahl oder eine Operation, je nachdem wie tief die Verletzung des Auges ist.

Akute Bindehautentzündung

Eine der häufigsten Erkrankungen des Auges ist die Bindehautentzündung. Man erkennt sie daran, dass der Hund ein **rotes Auge** hat (rote Bindehäute) und einen mehr oder weniger **eitrigen Augenausfluss**.

Verursacher einer Bindehautentzündung sind meist Bakterien, deswegen ist dieser Augenausfluss auch sehr sinnvoll, denn die Tränenflüssigkeit wirkt antibakteriell. Der Körper hilft sich also so gut wie möglich selbst. Manchmal gelingt es ihm tatsächlich, aber oft bleibt einem der Weg zum Tierarzt nicht erspart. Dieser verordnet wahrscheinlich ein Antibiotikum in Form von Augensalbe oder Augentropfen, die gegen Bakterien wirkt, und schwupps, schon wird es besser.

Manchmal klappt das mit dem »Schwupps« nicht, und das Auge wird einfach nicht besser, die Behandlung zieht sich über Wochen und Monate hin. Dann bezeichnet man das als

»chronische Bindehautentzündung«. Vor allem große Rassen wie Dogge, Bernhardiner und Mastiff, aber zum Beispiel auch der Basset haben oft Probleme damit. Das liegt an der sogenannten abnormen Lidstellung, so ein hängendes unteres Augenlid, das man »Entropium« nennt. Dadurch ist bei ihnen die Neigung zur Bindehautentzündung stärker, denn die Eintrittsmöglichkeiten für Bakterien, die dann für die Bindehautentzündung sorgen, sind größer.

Konjunktivitis follicularis

Die Konjunktivitis ist eine besondere Form der Bindehautentzündung. Da sie oft sehr langwierig ist, wird sie auch als **»chronisch«** charakterisiert.

Sie hat aber nichts mit Bakterien zu tun, sondern mit dem dritten Augenlid unserer Hunde. Gut, dass wir vorher über dieses dritte Augenlid gesprochen haben, denn jetzt weißt du sofort, worum es geht. Diese chronische Entzündung tritt **meist bei jungen Hunden** auf.

Bei jungen Hunden ist alles noch in der Entwicklung, im Entstehen, und so auch ihr Immunsystem. Es lernt noch, was wann genau zu tun und zu lassen ist, und übertreibt auch mal völlig. Und wenn es beim Auge übertreibt, dann entsteht diese chronische Bindehautentzündung. Denn eigentlich ist das Augenlid nur noch nicht so perfekt ausgeprägt, wie es sein sollte, doch das Immunsystem, das selbst noch grün hinter den Ohren ist, reagiert über und lässt die Lymphe hinter dem Auge anschwellen. Das dritte Augenlid ist als Folge nun nicht mehr glatt und eben, sondern voller Bläschen – wie eine Himbeere. Und diese **Himbeeren-Struktur** reibt nun bei jedem Lidschlag über die Hornhaut des jungen Hundeauges, was zu Reizungen und Entzündungen führt.

Früher wurde diese Himbeeroberfläche vom Tierarzt wieder glatt geschabt. Aber diese Prozedur mit anschließender Antibiotika-Behandlung mutet man den Hunden heute nur noch in seltenen, extremen Fällen zu, denn die »Himbeere« kommt wieder und wieder – bis das Immunsystem endlich verstanden hat, dass es hier gar nicht aktiv in Aktion treten muss. Also wartet man heute normalerweise einfach, bis sich alles von selbst regelt.

Bei solch einer chronischen Bindehautentzündung sammelt sich oft **Ausfluss in den Augenecken**. Du kannst deinem jungen Hund helfen, indem du sein betroffenes Auge mithilfe von **Augentropfen vom Tierarzt** feucht hältst. Dann reibt es nicht so und das Auge kann sich erholen.

Zu trockenes Auge

Das, was die chronische Bindehautentzündung der jungen Hunde ist, ist das zu trockene Auge der Senioren. Natürlich können auch jüngere Hunde davon betroffen sein, aber hauptsächlich ist es ein Thema der älteren Hunde, denn die gleichmäßige Produktion von Tränenflüssigkeit lässt nach. Das kann zu sehr unangenehmen Symptomen führen. Häufig davon betroffen ist der West Highland Terrier.

Hattest du auch schon mal trockene Augen? Es fühlt sich an, als hättest du Sand im Auge. Es juckt und brennt, und du reibst, und durch das ganze Reiben wird es rot und schwillt vielleicht sogar an. Noch blöder. Noch mehr Jucken, noch mehr Reiben. Ein Teufelskreis, und mit etwas Pech entzündet sich das Auge auch noch, denn in Wirklichkeit ist ja nichts drin, sondern der schützende Tränenfilm fehlt, und dieses ständige Reiben ruft dann die Entzündung hervor.

Ein Hund **reibt** in dem Fall auch **ständig am Auge herum**, mit den Pfoten eben, so gut es geht. Mit dem **Kopf über den Boden schubbern** ist auch noch eine Möglichkeit, um dieses Gefühl von Sand in den Augen endlich loszuwerden. Dadurch kommt vielleicht auch noch Dreck ins Auge, was es noch unschöner macht.

Um herauszufinden, ob es wirklich »nur« ein zu trockenes Auge ist oder vielleicht doch ein Fremdkörper, solltest du den Tierarzt aufsuchen. Der kann geschwind nach der Ursache schauen und entweder den Fremdkörper entfernen oder dir Augentropfen mitgeben, die das Auge deines Hundes feucht halten.

Hundeaugen können auch als Begleiterscheinung von anderen Grunderkrankungen zu trocken werden, und manchmal spielt auch das Immunsystem eine Rolle, das mal wieder übertreibt und für »unnötige« Symptome sorgt. Das nennt man dann »immunvermittelt«, und hinter diesem Wort steckt eine Autoimmunerkrankung. Das Immunsystem des Körpers geht hier nicht gegen echte Feinde wie zum Beispiel Bakterien vor, sondern gegen seine eigenen Zellen. Damit zerstört er die Zellen, die für die Flüssigkeitsproduktion des Auges zuständig sind. Die Folge ist eben ein chronisch zu trockenes Auge.

Eine weitere Folge von zu trockenen Augen ist, dass auch die Hornhaut betroffen sein kann. Auch sie ist zu trocken und wird dadurch nicht mehr ausreichend ernährt. Das macht sie anfälliger für Verletzungen und Infektionen.

Ein zu trockenes Auge ist sehr unangenehm für den Hund und bedarf **konsequenter, hochfrequenter Pflege**, also täglich. Zum einen gibt es Medikamente, zum Beispiel Hyaluronpräparate, die das Auge feucht halten und auf das Auge nährend wirken, oder künstlichen Tränenersatz, und zum anderen sollte das Auge sauber gehalten werden. Dazu kann man mit einem sauberen, feuchten Tuch vorsichtig über das Auge wischen, damit zum Beispiel keine Haare im Auge kleben, die das Auge zusätzlich reizen können.

Grauer Star/Katarakt

Wenn wir beim älteren Auge sind, müssen wir auch der Tatsache ins Auge sehen, dass es bei ihnen manchmal zu Eintrübungen, zum grauen Star, kommt.

Die **Alterungserscheinung** »Katarakt« oder »Grauer Star« tritt bei älteren Hunden ab etwa acht oder neun Jahren auf. Aber auch aus anderen Gründen kann ein Katarakt entstehen. Bei Diabetes ist der graue Star zum Beispiel eine mögliche Folgeerscheinung. Hiervon häufig betroffene Rassen sind der Golden und Labrador Retriever, der Schnauzer und der Siberian Husky.

Liegender Husky

Der graue Star ist eine **krankhafte Veränderung der Augenlinse** des Hundes. Die Linse trübt sich, deswegen erscheint das Auge dann so gräulich oder weiß-blau verfärbt. Für den Hund ist das zwar nicht schmerzhaft, aber es beeinträchtigt seine Sehfähigkeiten bis hin zur völligen Erblindung.

Am Anfang sieht der Hund nur schlechter, was vor allem in der Dämmerung auffällt. Viele Hunde können damit gelassen umgehen. Sie erblinden ja nicht von jetzt auf gleich, sondern haben Zeit, sich daran zu gewöhnen.

Es gibt aber auch Hunde, die das stark mitnimmt. Unsichere oder territoriale Hunde könnten zum Beispiel vermehrt wuffen, knurren und bellen. Spaziergänger, die vorher kaum beachtet wurden, werden plötzlich angebellt. Wenn dem so ist, hilf deinem Hund. Zeige deinem Hund, dass du aufpasst, und sage den Spaziergängern hallo. Geh vorausschauend mit deinem Hund los, zeige ihm, dass du alles im Griff hast. Gib deinem Hund mit deinem sicheren Verhalten ebenfalls Sicherheit.

Gassi gehen mit der Flexileine

Sieht dein Hund zusehends schlechter, stößt er sich vielleicht auch häufiger. Der Türrahmen, durch den er immer lässig durchgetrabt ist, wird plötzlich zu schmal. Die Laterne auf dem Bürgersteig steht auf einmal mächtig im Weg. Das kann deinen Hund zusehends verunsichern.

Wenn dieser Katarakt bei deinem Hund in Erscheinung tritt, musst du dich nicht damit abfinden. Du musst es nicht als unveränderbar hinnehmen, sondern im Gegenteil: Es gibt **spezielle Augenkliniken** für Hunde. Und die Operation des grauen Stars, bei der die getrübte Linse ausgetauscht wird, wird in diesen Kliniken immer häufiger erfolgreich durchgeführt. **Der Blick des Augenspezialisten ist also in jedem Fall empfehlenswert.**

Früher haben Operationen der Augen leider oft Komplikationen nach sich gezogen, die Regenbogenhaut des Auges hat sich häufig entzündet. Heute ist die Medizin zum Glück viel weiter. Es gibt bessere Geräte und erfahrenere Chirurgen, sodass Komplikationen eine Seltenheit geworden sind.

Nach der Operation des Auges benötigt der Hund eventuell noch einen Halskragen oder eine Brille und etwas Pflege. Und dann sieht er endlich die leckeren Pferdeäpfel und Nachbars Katze wieder klarer und deutlich.

Gut zu wissen: Hilfsmittel Flexileine

Wenn dein Hund schlechter sieht oder blind wird, kannst du ihm draußen helfen, indem du ihn an die Leine nimmst. Und zwar an die Flexileine. Normalerweise rate ich von einer Flexileine ab, denn bei der Flexileine lernt der Hund, dass an der Leine ziehen super ist, denn dann kommt er dahin, wo er hinwill. Mit einer Flexileine bringst du deinem Hund das Ziehen an der Leine also erst richtig bei. Und wenn dein Hund dann an lockerer, kurzer Führleine »Fuß« gehen soll, will und will das nicht klappen. Aus Hundesicht zu Recht, denn sonst darf er ja auch ziehen, sonst ist das Gefühl des Zuges auf der Leine ja auch prima. Und jetzt soll es auf einmal falsch sein?

In diesem Fall finde ich die Flexileine aber eine richtig gute Lösung. Dein Hund hat noch Bewegungsfreiheit und du hast Einfluss auf ihn und seine Sicherheit. Dein Hund spürt dich über den Zug der Leine, und du kannst schnell einschreiten, wenn es brenzlig wird.

Wenn du also diese Art von Veränderungen an deinem Hund bemerkst und die Augen irgendwie auch etwas trüb aussehen, dann geh mit deinem Hund unbedingt zum Tierarzt. Er kann dir entweder selbst weiterhelfen oder dir eine gute Augenklinik empfehlen.

Auf zum Tierarzt!

Wann du deinen Hund unbedingt zum Tierarzt bringen musst:

- Verletzung am Auge
- ständiges Zusammenkneifen der Augen
- ständiges Reiben am Auge
- eitriges Auge

Die Ohren

Wie gewohnt schauen wir uns das Objekt unseres Interesses erst einmal genau an. Was für Ohren hat dein Hund? Es gibt Schlappohren, Stehohren, es gibt Ohren ohne Behang, mit Behang und mit lustigen Haaren, die in alle Richtungen abstehen, es gibt Rosenohren, schlaffe Hängeohren und vielerlei kreative Varianten mehr.

Cocker Spaniel

Sehen beide Ohren deines Hundes gleich aus? Sind sie gleich groß und gleich lang? Und wenn du sie umklappst (das geht nur mit Schlappohren) und mal tiefer hineinschaust, was siehst du dann alles?

Wenn ich mir Mables Ohren mal genau anschaue, dann sehe ich da drinnen alle möglichen knorpeligen Windungen und außerdem einige Haare. Und es geht tief hinein ins dunkle Nichts.

Allgemeine Infos zum Hundeohr

Hunde hören eindeutig besser als wir Menschen. Ihr Bereich der hörbaren Tonsequenzen ist größer. Tiefe Töne, die wir Menschen nicht mehr hören können, hören sie noch, und genauso ist es mit den höheren Tönen. Da, wo unser Hörvermögen endet, endet ihres noch lange nicht. Der menschliche Hörbereich liegt bei ungefähr 20 bis 20.000 Hertz, beim Hund sind es 15 bis 50.000 Hertz.

Gut zu wissen:
Sinn und Unsinn von Hundepfeifen

Es ist wenig sinnvoll, Hundepfeifen in besonders hoher Tonhöhe zu kaufen. Denn der Hund hört sie zwar, aber wir Menschen nicht. Wir wissen also nicht, wie stark der Ton ist, und wenn die Pfeife kaputt geht, pustet man hinein, aber nichts kommt heraus. Und wo nichts ertönt, kann auch der Hund nicht darauf reagieren. Dann ist der Mensch sauer, weil der Hund nicht auf den Pfiff reagiert – dabei gab es gar keinen Pfiff. Pfeifentraining ist super, aber nur mit einer für uns hörbaren Pfeife empfehlenswert.

Hunde haben nicht nur fähigere Ohren, sondern sie sind dank vieler feiner Muskeln auch beweglicher. Vor allem die Rassen mit den Stehohren können ihren Trichter in alle möglichen Richtungen aufstellen und so genau orten, woher der Ton, die Pfeife, das Rascheln, das Tapsen oder das hochfrequente Fiepsen der Maus kommt.

Gut zu wissen:
Hundeohr ist nicht gleich Hundeohr

Die Hunderassen mit den ganz langen Ohren hören eine Nuance schlechter als die anderen. Klar, die Ohren »verschließen« ja quasi die Ohrmuschel etwas. Das fällt uns Menschen nicht groß auf und stört auch die Hunde nicht. **Aber eine**

Rasse hat mit ihren Ohren häufiger Probleme als andere und das ist der chinesische Shar Pei (ein Hund mit sehr vielen Hautfalten).

Der Shar Pei ist zwar ein mittelgroßer Hund, hat aber nur einen klitzekleinen, extrem schmalen Gehörgang. Ein normaler Gehörgang ist ungefähr so dick wie ein Finger. Der Gehörgang eines Shar Peis aber ist nur ein Zehntel mal so breit. Das ist einfach zu schmal für eine gute Belüftung. Die Folge davon sind chronische Ohrentzündungen.

Diese Ohrentzündungen möchte man nun mit einem Medikament behandeln, aber auch das ist schwierig, denn wenn nicht mal Platz für eine rausreichende Belüftung ist, wie soll dann Flüssigkeit weit genug ins Ohr hineinkommen?

Die Pflege der Hundeohren

Körperteile mit solch außergewöhnlich guten Fähigkeiten sollte man unbedingt sehr gut pflegen oder vielleicht gerade nicht? Wie sieht es denn zum Beispiel mit dem Zupfen der Haare im Ohr aus? Tun oder nicht? Da kann ich dir ein ganz eindeutiges Jein geben. Oder anders ausgedrückt: »Es kommt drauf an.«

Ohreninnenhaare zupfen?

Jedes Herausrupfen eines Haares bewirkt eine minikleine Verletzung, eine sogenannte Miniläsion. Verletzungen wiederum können **Eintrittspforten für Keime** sein, und die will keiner haben. Außerdem können sich diese kleinen Verletzungen entzünden, und auch das tut niemandem gut. Deswegen solltest du auf das Zupfen der Haare im Ohr deines Hundes verzichten.

Eine Ausnahme ist es, wenn dein Hund so viele Haare im Ohr hat, dass kaum bis keine Luft mehr durchkommt. Das ist ungünstig, denn das würde den Gehörgang nahezu verschließen, die Belüftung vermindern, und das wiederum könnte zu Ohrentzündungen führen, denn eine Minderbelüftung sorgt für Feuchtigkeit, wiederum ein wunderbares Milieu für Keime.

Apropos Ohrentzündungen. Das sind die häufigsten Probleme der Hundeohren, diese lästigen, schmerzhaften Entzündungen.

Das Ohr reinigen?

Das Ohr regelmäßig reinigen? Muss man das nicht immer? Nein. Im Gegenteil. Wenn die Ohren deines Hundes unauffällig sind, dann solltest du sie in Ruhe lassen, denn sie reinigen sich im Normalfall von innen nach außen selbst. Maximal kannst du mit einem weichen Tuch die äußeren Windungen etwas säubern. Aber ein Reiniger ist absolut nicht nötig. Und wenn du das Ohr reinigen musst, dann geh bitte niemals mit einem Wattestäbchen ins Innere hinein. Du kannst damit wirklich Schaden anrichten.

Krankheiten und Auffälligkeiten des Hundeohrs

Wie du die Ohren deines Hundes im Alltag am besten behandeln kannst, ist nun klar. Aber was, wenn sie deinem Hund trotz guter Pflege oder eben bei bewusst keiner Pflege weh tun? Woran erkennst du, dass dein Hund Hilfe braucht, weil mit seinen Ohren etwas nicht stimmt? Das erfährst du nun auf den nächsten Seiten.

Ohrentzündungen

Ein bis zwei Ohrentzündungen im Laufe eines Hundelebens sind normal, das darf sein. Aber wenn ein Hund häufiger oder gar ständig Ohrentzündungen hat, dann sollte man der Ursache davon unbedingt auf den Grund gehen, denn dann stimmt etwas nicht. Die häufigste Ursache sind **Allergien** und im speziellen Futtermittelallergien.

Die Ohrmuschel eines entzündeten Ohres ist **stark gerötet** und du kannst es auch riechen. Es riecht nämlich nicht nach ein bisschen Schmalz, sondern es **stinkt säuerlich**. Ein Hund mit entzündetem Ohr wird sich häufiger schütteln, um dieses unangenehme Gefühl im Ohr loszuwerden. Oder er hält seinen Kopf ständig schief oder schubbert gar mit seinem Ohr über den Boden. Eine Entzündung der Ohren kann unangenehm bis sehr schmerzhaft ausfallen.

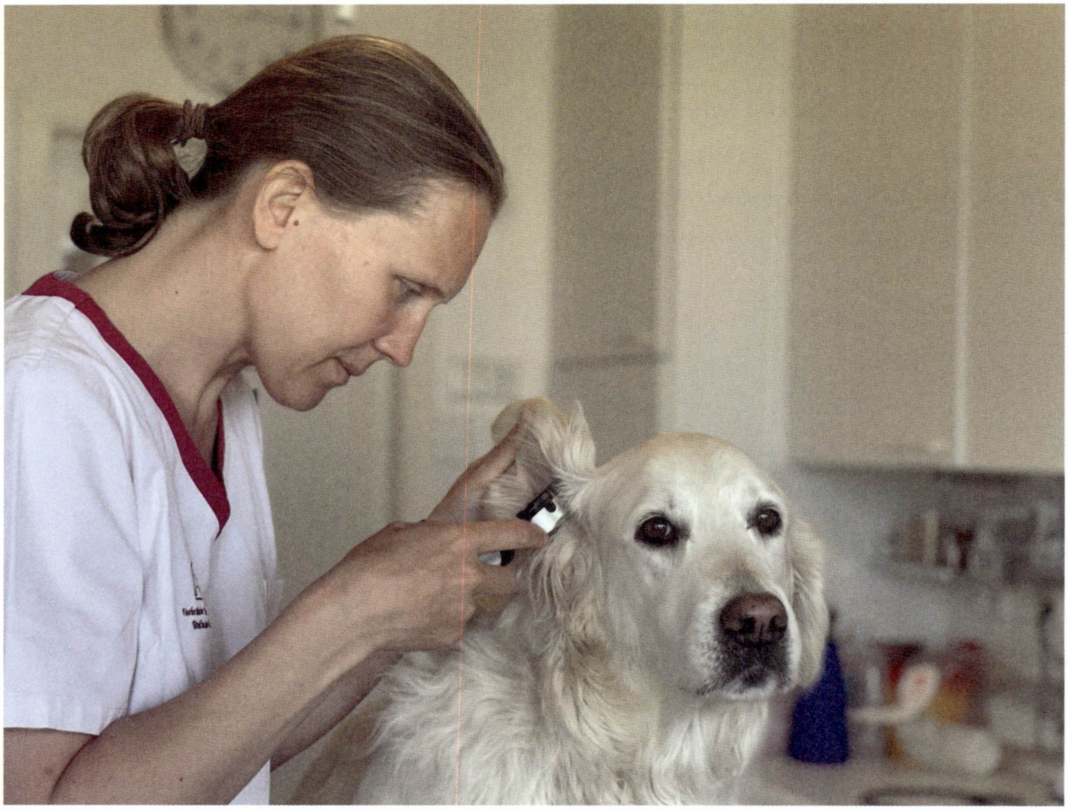

Ohruntersuchung beim Tierarzt

Wie kann es zu einer Ohrentzündung kommen?

Ich persönlich oder besser gesagt meine Golden-Retriever-Hündin Mable kann davon ein Lied singen. Als junger Hund hatte sie mehrfach entzündete Ohren. Sie tat mir schrecklich leid, denn die Entzündungen taten weh, die Spülungen des Ohrs mit der dazugehörig nötigen Narkose waren schrecklich, und kaum war es wieder gut, bahnte sich auch schon wieder die nächste Entzündung an. Das Reinigen der Ohren fand sie auch blöd, und trotzdem musste es ständig sein. Ein Teufelskreis, bis wir endlich herausgefunden haben, dass ihr Futter die Entzündung auslöste. Wir haben umgestellt, und seitdem hat sie nur noch ein einziges Mal eine Entzündung gehabt, nämlich im Sommer.

Im Sommer gehen Hunde oft schwimmen, doch nicht jedes Gewässer ist klar und rein. Hier schwimmt schon mal der eine oder andere Keim mit herum und verirrt sich leicht in ein Hundeohr. Ohrentzündungen werden sehr oft durch Bakterien oder Pilze ausgelöst, aber die Grundursache, dass die Bakterien und Pilze überhaupt eine Chance haben, sich auszubreiten, liegt oftmals in einer Allergie begründet. Am häufigsten sind **Allergien gegen ein bestimmtes Futtermittel**, genauer gesagt gegen eine bestimmte Komponente im Futter. Am häufigsten rufen Eiweiße Unverträglichkeiten hervor, und das ist in der Regel das Fleisch von Schwein, Rind und Huhn. Auch Getreide und auch Konservierungsstoffe können Unverträglichkeiten hervorrufen. Aber am häufigsten sind es die Eiweiße von diesen drei Tieren.

Wenn dein Hund die oben beschriebenen Symptome zeigt, solltest du also beim Tierarzt vorbeischauen. Vielleicht stellt der ja fest, dass lediglich die Schmalzproduktion etwas erhöht ist und du das Ohr einfach nur regelmäßig säubern musst. Vielleicht aber müsst ihr dann auch das Futter umstellen. Und vielleicht steckt auch mal wieder der berühmt-berüchtigte Fremdkörper im Ohr.

Grundsätzlich sollten wir Menschen ja, wie gerade besprochen, die Ohren unserer Hunde im Großen und Ganzen am besten in Ruhe lassen. Die äußeren Windungen zu putzen ist okay. Aber bitte geh wirklich nicht tiefer ins Ohr hinein und **benutze auf keinen Fall Wattestäbchen**.

Ob dein Hund regelmäßig einen Ohrreiniger benötigt, besprichst du am besten mit deinem Tierarzt. Er wird mit dir auch über eine Ausschlussdiät sprechen, wenn er einen Verdacht auf eine Futtermittelallergie hat. Darüber sprechen wir im Kapitel Magen-Darm-Trakt noch ausführlicher.

Fremdkörper im Ohr

Egal ob Nase oder Ohr, in jede Körperöffnung kann das Falsche hineingeraten. Und das immer vermehrt in den hellen Monaten, wenn es überall sprießt und gedeiht. So auch beim Ohr. Wenn dein Hund durch die Wiese saust, kann sich eine Granne hineinbohren. Mit ihren Widerhaken sind sie prädestiniert dafür und sorgen dann dort für Ärger. Das **Ohr juckt**, der Hund fühlt ständig diesen Fremdkörper und will ihn loswerden. Er **kratzt** also daran herum, **schüttelt das Ohr** und überhaupt zeigt er die gleichen **Symptome wie bei der allergiebedingten Entzündung**.

Aber es gibt einen wichtigen Unterschied, und der liegt in der Mathematik: Es ist nämlich höchst unwahrscheinlich, dass gleichzeitig in jedes Ohr eine Granne gerät. Also ist meistens eher nur ein Ohr betroffen und dann wahrscheinlich durch einen Fremdkörper. Der muss natürlich so schnell wie möglich raus. Und dafür sollte der Tierarzt sorgen.

Auf zum Tierarzt!

Wann du deinen Hund unbedingt zum Tierarzt bringen musst:

- ständiges Schütteln
- ständiges Kratzen
- Schiefhaltung des Kopfes

Das Gehirn

Bevor wir den Kopf des Hundes verlassen, darf natürlich ein ganz wichtiges Organ nicht fehlen. Ohne dieses Organ ist ein Leben nicht möglich. Im Normalfall sehen wir es gar nicht, aber trotzdem hat es einen existenziellen Nutzen, es ist nämlich die allgemeine Schaltzentrale: das Gehirn.

Allgemeine Infos zum Hundegehirn

Im Aufbau unterscheidet sich das Gehirn unserer Fellnasen nicht groß von unserem: Es besteht aus den drei großen Bereichen **Kleinhirn**, medizinisch Cerebellum genannt, **Großhirn**, auch Cerebrum genannt, und der **Hirnanhangsdrüse**, der Hypophyse. Natürlich gibt es noch viel mehr im Kopf bei unseren Hunden, aber diese drei bilden das große Ganze, sorgen für alle Bewegungen, das Denken und das Bewusstsein.

Krankheiten und Auffälligkeiten des Hundegehirns

Auch das Gehirn der Hunde kann erkranken – ich stelle dir eine häufig vorkommende Erkrankung vor. Sie ist dir sicher bekannt, denn auch wir Menschen können davon betroffen sein. Es handelt sich um »Blitze im Kopf«, sprich die Epilepsie.

Epilepsie

Das Gehirn leitet die Vorgänge des Körpers. Im Normalfall laufen die Prozesse geordnet ab. Elektrische Leitungen, Nervenbahnen, alles läuft ordentlich seiner Wege. Bei der Epilepsie aber kommt es zu überschießenden, ungeordneten elektrischen Entladungen im Gehirn.

Das führt zu **unkontrollierten Vorgängen im Körper**, die **Muskeln verkrampfen**, der **Hund bewegt sich unkontrolliert** und **verliert gegebenenfalls Kot und Urin**.

Die Epilepsie ist eine vielfältige Erkrankung mit verschiedensten Erscheinungsformen und Ursachen. Die typische Erscheinungsform ist das starke Verkrampfen des ganzen Hundes.

Er liegt auf der Seite, rudert mit den Extremitäten, als würde er laufen, verliert oft Kot und Urin und überstreckt den Kopf. Aber es gibt auch andere Erscheinungsformen. Der Hund sitzt, schwankt, »nickt«, wackelt und alles Mögliche mehr. Ein Krampf kündigt sich meistens an und ist für den Hund so anstrengend, dass er danach eine Erholungsphase braucht. Wer seinen Hund gut kennt, erkennt die Anzeichen für den aufkommenden Krampf und kann dementsprechend handeln und zum Beispiel die Tobekumpels wegschicken, für Ruhe sorgen und dafür, dass sich sein Hund nicht verletzen kann.

Ursachen für Epilepsie

Die häufigste Form der Epilepsie ist die sogenannte **»idiopathische Epilepsie«**. Das bedeutet übersetzt »ohne erkennbare Ursache« und heißt so viel wie »Keiner weiß, warum«. Der Hund hat eben Epilepsie, aber niemand kann sagen, warum. Wenn sich solch eine Epilepsie entwickelt, dann in den ersten fünf Lebensjahren des Hundes.

Bei der **sekundären Epilepsie** liegt die Ursache der Epilepsie in einer anderen Erkrankung und deswegen muss der Tierarzt genaueste Ursachenforschung betreiben.

So kann ein Auslöser auch eine Unterzuckerung des Hundes sein: Der Hund hat Diabetes und eine zu hohe Dosis Insulin bekommen. Oder sein Besitzer ist Diabetiker, hat seine Spritze fallen lassen und der Hund hat Insulin aufgeleckt. Oder der Hund hat sich die Kaugummis seines Menschen geklaut, in denen Xylit enthalten ist. Xylit ist für Hunde nicht verträglich, weil es für eine Unterzuckerung sorgt. Und die wiederum für einen Krampf.

Oder es handelt sich um eine frische Hundemama mit einer **Kalziumdisbalance**. Die Trächtigkeit und das Saugen des Nachwuchses entziehen der Hundemama Kalzium. Und bei einem Mangel an Kalzium im Blut kann es zu einer sogenannten Eklampsie kommen, den Krämpfen.

Du siehst, es gibt viele Gründe für Krampfanfälle. Und deswegen ist es in diesem Fall auch nicht sensationslüstern, sondern sehr sinnvoll, den Hund beim Krampfanfall zu filmen und diesen Film dann dem Tierarzt zu zeigen. Um die Ursache herauszufinden, kann das für den Tierarzt sehr hilfreich sein. Der Tierarzt sieht anhand des Videos zum Beispiel besser, ob es sich wirklich um einen epileptischen Anfall handelt oder doch eher um eine Ohnmacht, eine sogenannte Synkope. Wenn nämlich eine Synkope vorliegt, befindet sich die Ursache nicht im Gehirn, sondern meistens am Herzen. Das ist natürlich ein sehr wichtiger Unterschied, eine ganz andere Behandlung ist dann vonnöten.

Gut zu wissen: »Toy-Hunde« neigen zu Krämpfen

Ganz klitzekleine Gesellschaftshunde, sogenannte Toy-Hunde (von engl. toy = Spielzeug), wie der Russkiy Toy oder der Chihuahua, neigen auch zu Krämpfen. Fressen sie mal schlecht, kommt es schnell zu einer **Unterzuckerung** mit den entsprechenden Auswirkungen wie **Krampfen**. Damit es nicht zu Krämpfen kommt, kann man die Kleinen mit etwas Honig oder Glukosesaft prophylaktisch unterstützen.

Toy Chihuahua

Untersuchung und Behandlung der Epilepsie

In den seltensten Fällen sitzt man zufällig gerade beim Tierarzt, wenn der Hund krampft. Somit sieht der Tierarzt seinen vierbeinigen Patienten erst nach dem Krampf und kann den Krampf selbst nicht beurteilen.

Um nun herauszufinden, was da los war, ob der Hund Epilepsie hat und, wenn ja, welche Form, macht er eine ganzheitliche Untersuchung, zu der auch ein Blutbild gehört. Im Blut sieht er, ob der Blutzucker tatsächlich zu niedrig ist oder der Kalziumgehalt sich auffällig verändert hat. Ist dem nicht so, geht die Ermittlung per Ultraschall und Röntgen weiter: Der Brustkorb wird geröntgt, der Bauchraum geschallt, um weitere Möglichkeiten für den Krampf entweder zu erkennen oder auszuschließen. Ist auch dort nichts Auffälliges zu erkennen, bleibt das MRT vom Gehirn. Hierüber ist das Gehirn gut darstellbar und es wird nach weiteren Ursachen gesucht.

Noch immer kann es etwas anderes sein als ein Tumor. Es kann sich zum Beispiel um Missbildungen im Kopf handeln, die für Krämpfe sorgen. Oder der Hund hatte mal einen großen Unfall, in dessen Folge sich Narbengewebe im Gehirn gebildet hat, das nun auf die Gehirnmasse drückt und für Krämpfe sorgt.

Eine weitere Untersuchungsmöglichkeit ist das **Punktieren von Gehirnflüssigkeit**. Man entnimmt Gehirnflüssigkeit, den sogenannten Liquor, und kann hier untersuchen, ob eine Entzündung vorliegt.

Liegen alle diese Gründe nicht vor, handelt es sich um eine idiopathische Epilepsie.

Handelt es sich um einen **Gehirntumor**, wird er wahrscheinlich beim MRT entdeckt. Wird die Vermutung eines Gehirntumors bestätigt, ist noch nicht aller Tage Abend. Es gibt an Behandlungsmöglichkeiten die Bestrahlung oder eine Operation. Je nachdem, wie groß der Tumor bereits ist und wo er sitzt, sind die Prognosen besser oder schlechter.

An dieser Stelle übergibt der Haustierarzt an einen Fachtierarzt, sprich einen Chirurgen. Dieser entscheidet nach ausführlicher, ganzheitlicher Betrachtung des Hundes, der Untersuchungen und der MRT-Bilder mit den Besitzern gemeinsam, wie es mit der Behandlung des Hundes weitergeht.

Bei der idiopathischen Epilepsie sind Medikamente das Mittel der Wahl. Allerdings werden sie erst eingesetzt, wenn der Hund mehr als viermal pro Jahr krampft. Ansonsten wären die Auswirkungen der Medikamente schlimmer als die Krämpfe selbst. Erst wenn die Krämpfe sich häufen, werden also diese starken Medikamente, genannt »Antikonvulsiva«, eingesetzt. Ziel der Medikamente ist das Verhindern der überschießenden elektrischen Entladungen im Gehirn. Leider ist die Behandlung nicht immer zu hundert Prozent erfolgreich. Bei einem Drittel der Patienten helfen die Medikamente gar nicht, beim zweiten Drittel ein bisschen und nur ein Drittel der Patienten ist mit der Gabe der Medikamente fast oder ganz krampffrei.

Von der idiopathischen Epilepsie häufig betroffene Rassen sind der Golden und Labrador Retriever, der Collie und der Beagle.

Auch ein Herzfehler kann für einen »Krampfanfall« sorgen, doch danach steht der Hund wieder auf, als wäre nichts gewesen – es handelt sich also doch nicht um einen Krampf, sondern um eine Ohnmacht.

Was tun, wenn der Hund krampft?

Wenn der eigene Hund krampft, leidet sein Mensch mit. Bei den ersten Krämpfen ist außerdem die Aufregung noch groß, der Mensch fühlt sich überfordert und möchte seinem Hund helfen. Was man jetzt für seinen Hund tun kann, ist, dafür zu sorgen, dass er sich nicht verletzen kann.

Gut zu wissen: Finger aus dem Hundemaul!

Sich selbst sollte man, wenn der Hund krampft, aber auch keiner Gefahr aussetzen, und das bedeutet: »Finger aus dem Maul des Hundes.« Der Biss des Hundes im Krampf ist extrem stark – der Hund beißt nicht einfach kurz zu und lässt dann wieder los, sondern er krampft, er lässt also erst etliche Minuten später wieder los: Und bis dahin ist der Finger ab.

Den Finger zwischen den Zähnen herauszuziehen ist utopisch, dazu ist die Beißkraft viel zu stark. Ja, man möchte seinem Hund helfen, die Zunge retten und irgendwas Sinnvolles tun. Doch die Gefahr für die eigenen Hände ist einfach zu groß. Lass es deshalb besser sein!

Lass deinen Hund nach dem Krampfanfall ruhen und stell ihm Wasser hin. Und den restlichen Tag solltet ihr beide es ruhig angehen lassen. Und ansonsten ein ganz normales Leben führen, denn zwischen den Anfällen ist alles wie sonst auch immer.

Lang anhaltende Krämpfe – Status epilepticus

Bei einem »Status epilepticus« handelt es sich entweder um **einen extrem lang andauernden Krampfanfall** oder um eine **Serie von Krampfanfällen**. Bei beiden Varianten besteht die Gefahr, dass Gehirnzellen absterben, der Hund kann überhitzen und im schlimmsten Fall daran sterben. **Deswegen ist diese Situation ein Notfall, der Hund muss sofort in die Tierklinik!**

Übrigens wird in Fachkreisen zurzeit heiß diskutiert, ob die Ernährung Einfluss auf Krampfanfälle hat. Hier könnte es also bald neue Erkenntnisse geben.

Hirnhautentzündung – Meningitis

Die Hirnhautentzündung lässt sich anhand eines ganz typischen, nahezu unverwechselbaren Symptoms erkennen, nämlich des Halsbiegeschmerzes.

Bei der Hirnhautentzündung sind die Häute des Gehirns oder/und des Rückenmarks entzündet. Bakterien oder Viren können die Auslöser sein, manchmal jedoch ist die Hirnhautentzündung »steril«, das bedeutet, dass keine Erreger nachweisbar sind, der Hund aber trotzdem erkrankt ist. Diese Häute nennen sich »Meningen«, daher rührt der Name Meningitis.

Anfangs wirkt es, als hätte der Hund eine Grippe, denn er bekommt Fieber. Doch dann wird es schnell immer deutlicher, dass es sich in Wahrheit um eine andere, sehr ernste Erkrankung handelt, denn das typische Symptom – der **Halsbiegeschmerz** – tritt auf. Egal wie der Hund seinen Kopf bewegt, es tut ihm heftig weh. Der gesamte Kopf-Nacken-Schulter-Bereich schmerzt fürchterlich. Der Hund **geht steif, vermeidet Kopfbewegungen** und hält den **Kopf möglichst gesenkt.** Es ist ihm deutlich anzusehen, dass es ihm sehr schlecht geht.

Wenn du diese Symptome bei deinem Hund feststellst, solltest du umgehend mit ihm zum Tierarzt fahren. Dieser wird beim Anblick des Hundes schon eine erste Vermutung haben, ihm Blut abnehmen und darin wahrscheinlich eine erhöhte Anzahl an weißen Blutkörperchen feststellen. Wahrscheinlich, weil das oft der Fall ist, aber nicht immer. Ist das c-reaktive Protein, also ein ganz bestimmtes Eiweiß, ebenfalls erhöht, ist das ein klarer Hinweis auf eine Meningitis.

Bei einer schnellen Behandlung mit entzündungshemmenden Mitteln, sogenannten Kortikosteroiden, ist die Prognose für den Hund gut. Er wird höchstwahrscheinlich wieder gesund. Wird er aber zu spät behandelt, kann es zu Störungen bei der Koordination der Bewegungen oder gar zu bleibenden Lähmungen kommen.

Die Meningitis tritt vermehrt bei jungen Hunden bis zu einem Alter von 18 Monaten und bei bestimmten Rassen auf: Das sind zum Beispiel Beagle, Berner Sennenhund, Deutscher Boxer und Deutsch Kurzhaar, Nova Scotia Duck Tolling Retriever, Jack Russel Terrier und English Springer Spaniel. Bei einer durch eine bakterielle Infektion verursachten Meningitis wäre es doch merkwürdig, wenn diese nicht jede Rasse und jeden Hund in gleichem Maße treffen könnte. Kann sie auch. Ob Rassehund oder Mischling: Grundsätzlich kann jeder Hund an einer bakteriellen Meningitis erkranken. Man hat jedoch herausgefunden, dass die häufigste Form der Hirnhautentzündung die sterile Meningitis ist. Deren Ursachen sind aber nicht bakterielle Infektionen, sondern Gendefekte und Defekte des Immunsystems und diese liegen bei den erwähnten Rassen häufiger vor.

Junger Jack Russell Terrier

Auf zum Tierarzt!

Wann du deinen Hund unbedingt zum Tierarzt bringen musst:

- lang anhaltender Krampfanfall
- Serie von Krämpfen
- Halsbiegeschmerz

Die Lunge

Die Lunge deines Hundes kannst du dir schlecht ansehen. Aber du kannst mal die Atmung deines Hundes beobachten. Atmung bedeutet Leben. Deswegen widmen wir den Lungen von uns und unseren Vierbeinern besondere Aufmerksamkeit. Wir haben bereits ganz am Anfang bei der Nase die offiziellen Zahlen der Atmung beschrieben, aber wie genau ist es bei dir und deinem Hund? Ist es bei euch gleich oder ähnlich?

Wenn ich persönlich in Ruhe und bewusst atme und atemvertiefende Übungen mache, komme ich noch auf ganze vier Atemzüge. Das ist meine individuelle ganz tiefe Atmung. Wie ist es bei dir? Wenn du Sport treibst? Wenn du deinem Hund vielleicht mal hinterherrennen musst? Und wie oft atmest du in der totalen Ruhe wie bei meinem Beispiel?

Und wie ist es bei deinem Hund? Wenn er rennt? Wenn er gerade eine Tobepause mit den anderen Hundekumpels einlegt? Oder wenn er gemütlich auf seiner Decke herumdöst? Setz dich dann mal zu deinem Hund, ohne ihn zu stören. Nur so, dass du ihn beziehungsweise seine Atemzüge sehen kannst. So, dass du sehen kannst, wenn sich sein Brustkorb hebt und senkt. Du weißt ja: einmal heben und senken = ein Atemzug.

Ruhender Hund

Wenn du deinen Vierbeiner ab und an mal beobachtest, erkennst du viel schneller und bewusster, wenn etwas mit ihm nicht stimmt – nicht erst, wenn es deinem Hund schon schlecht geht, sondern rechtzeitig. Bleibe vier bis fünf Minuten auf Beobachtungsposten und schreibe dir die Werte am besten auf. Dann kannst du wunderbar prüfen, ob noch alles so passt.

Ein wunderbarer Nebeneffekt ist deine eigene Ruhe in dieser Zeit. Fünf Minuten einfach nur dasitzen, wann machen wir das schon? Wann nehmen wir uns einfach nur ein paar Minuten für Nichtstun? Jetzt! In diesen Minuten für und mit unserem Hund. Das wird dir auch so ganz nebenbei richtig guttun, davon bin ich überzeugt.

Allgemeine Infos zur Hundelunge

Der Aufbau des so lebenswichtigen Organs stimmt im Großen und Ganzen mit dem der menschlichen Lunge überein.

Auch die Hundelunge hat zwei Seiten, einen rechten und einen linken **Lungenflügel**. Der linke Lungenflügel ist kleiner als der rechte, denn er muss noch Platz lassen für das Herz. Das ist ja auch überlebenswichtig und muss deswegen auch gut geschützt werden. Das geht in der Brusthöhle besonders gut, denn Rippen und Brustbein kriegt man so schnell nicht kaputt.

Beide Lungenflügel bestehen aus **Lungenlappen**. Die kannst du dir wie zwei etwas versetzt übereinandergelegte Lappen vorstellen. Der linke Lungenflügel hat zwei Lappen, und der rechte, der ja viel mehr Platz hat, besteht aus vier Lappen. Der Hund atmet über die Nase mit Sauerstoff gefüllte Luft ein, die Luft strömt über die Luftröhre in die Lunge hinein. In der Lunge gibt es weitere Verzweigungen, die immer mehr und immer kleiner werden. Am Ende all dieser Verzweigungen befinden sich schließlich die **Lungenbläschen**, Alveolen genannt. Bei Erkrankungen sind sie am häufigsten betroffen.

So, wie hier beschrieben, sieht es in allen Lungenlappen aus: zwei links, vier rechts, macht sechs Lungenlappen, und alle haben diese Verzweigungen und Alveolen. Das sind eine Menge Möglichkeiten zum Gasaustausch, also zum Atmen. Und genau deswegen ist auch ein Überleben noch möglich, wenn ein Teil der Lungenlappen operativ entfernt oder Lappen durch einen Unfall geschädigt werden. Zur Veranschaulichung kannst du dir auch einfach eine ganze Weintraube voller Beeren vorstellen. Diese hat einen Hauptast, das wäre die Luftröhre. Dieser Ast teilt sich in viele weitere kleine Äste oder Stängel, das wären die Bronchien. Und am Ende der Stängel hängen die Weinbeeren, in unserem Fall die Alveolen. Hier findet der Gasaustausch statt.

Krankheiten und Auffälligkeiten der Hundelunge

Wenn ein Verdacht vorliegt, dass etwas mit den Atemwegen des Hundes nicht stimmt, weil er zum Beispiel Atemnot hat oder hustet, hört der Tierarzt ihn mit einem Stethoskop ab. Er hört, ob die Atemgeräusche normal oder auffällig sind.

Es gibt verschiedene Sorten von **Atemgeräuschen**, zum Beispiel reibend oder knisternd. Außerdem zeigen die Atemgeräusche dem Tierarzt auch über das Atemmuster, ob die oberen oder unteren Atemwege betroffen sind. Sind die **oberen Atemwege** betroffen, kann der Hund schlecht einatmen. Sind die **unteren Atemwege** betroffen, fällt es ihm schwer, die Luft wieder herauszubekommen.

Aber wie so oft in der Medizin gibt es nicht nur Schwarz oder Weiß, und das ist auch in diesem Fall so. Denn es gibt auch Mischformen der Atemmuster. Das Abhören ist also nur der erste Schritt der Diagnostik.

Eine weitere diagnostische Möglichkeit ist dann das **Röntgen**. Hier sieht der Tierarzt, wenn sich etwas in der Lunge befindet, was da nicht hingehört, zum Beispiel ein Fremdkörper oder ein Tumor. Außerdem sieht er hier auch die sogenannte **Lungenzeichnung**. Das bedeutet, er sieht, ob und wo sich Sekrete angesammelt haben. Ist es sinnvoll, sich die Lunge noch genauer anzusehen, dann kommt eventuell das **Endoskop** zum Tragen, damit wird die Lunge gespiegelt und damit ist es auch möglich, Gewebeproben zu entnehmen und sogar Fremdkörper zu entfernen. Auch Lungenwürmern kommt der Tierarzt hiermit auf die Spur. Aber ein Endoskop kommt nicht bis in die allerkleinsten Verästelungen der Lunge hinein. Der Einsatz hat also seine Grenzen.

Fremdkörper in der Lunge

Wenn unser Hund einen Fremdkörper in Nase oder Ohr hat, fällt uns das auf, denn der Hund kratzt und schüttelt sich und zeigt uns, dass da etwas nicht stimmt.

Wenn ein Fremdkörper in der Lunge steckt, ist das leider nicht so offensichtlich. Denn nur in der Luftröhre befinden sich Rezeptoren, also Informanten, die dem Gehirn melden, was bei ihnen vor sich geht. In der Lunge selbst gibt es aber keine.

Rennt dein Hund nun durch ein Getreidefeld und atmet dabei über die Nase eine Granne ein, die weiter in die Luftröhre rutscht, meldet diese den Eindringling, und **dein Hund hustet**. Dabei wird die Granne aber bei etwas Pech nur noch tiefer in die Luftröhre gesaugt; der Hund hustet immer mehr. Aber dann ist der Fremdkörper bereits in der Lunge angekommen. Das Husten verebbt und hört ganz auf. Es sind also keine Symptome mehr vorhanden, an denen du erkennen kannst, was los ist. Auch dein Hund spürt nichts mehr. Fatal. Denn es ist viel los.

Hast du das Geschehen beobachtet, denkst du vielleicht: »Ach, gut, die Granne ist wieder draußen.« Oder: »Ach, da bin ich aber froh, mein Hund hat doch nichts.« Dem ist aber leider nicht so, denn die Granne steckt nun in der Lunge fest. Da sie dort nicht hingehört, reagiert der Körper, es kommt zu Reizungen und Entzündungen und schließlich zu einem Abszess, einem Eiterknoten. Dieser Prozess dauert einige Tage und bewirkt eine Dauerentzündung im Körper deines Hundes: Der Körper deines Hundes reagiert, die **Blutwerte** zeigen einen **Entzündungsprozess** im Körper an, dein Hund bekommt **Fieber.** Er hat **keine Lust** mehr **zum Fressen.**

Spätestens jetzt musst du mit deinem Hund dringend zum Tierarzt gehen. Und dieser wird dich fragen, ob dir irgendetwas Besonderes an deinem Hund aufgefallen ist. Und wenn dir jetzt der Getreidefeld-Ausflug und das vorübergehende Husten einfallen, musst du das dem Tierarzt unbedingt sagen. Damit hilfst du ihm sehr, die Ursache für die Erkrankung deines Hundes herauszufinden.

Untersuchung

Der Tierarzt wird deinen Hund erst einmal **abhören**. So bekommt er erste Hinweise darauf, welches Organ betroffen ist.

Der nächste Schritt ist das **Röntgen** oder die Durchführung einer **Endoskopie**. So ein CT ist eine weitere diagnostische Möglichkeit, aber nicht die bevorzugte, denn es ist der größte und teuerste Aufwand von allen. Es kommt vor, dass es trotzdem nötig ist, meist aber erkennt der Tierarzt die Ursache zum Glück vorher.

Den Fremdkörper in der Lunge zu entdecken und natürlich zu entfernen, kann für deinen Hund überlebenswichtig sein. Denn sonst vergrößert sich der Abszess im Inneren deines Hundes. Alles ist so stark vereitert, und die Alveolen sind so zugeschleimt, dass sie ihre Arbeit nicht mehr verrichten können. Dein Hund kann irgendwann nicht mehr richtig atmen, sein Zustand wird lebensbedrohlich.

Ein Fremdkörper in der Lunge ist also zwar im eigentlichen Sinne keine Krankheit, aber trotzdem lebensbedrohlich für deinen Hund. Im besten Fall kann der Tierarzt den Fremdkörper mit dem Endoskop schon herausholen, im schlechteren Fall muss er herausoperiert werden. Zum Glück ist dieser Fall relativ selten. Jagdhunde sind häufiger betroffen, denn sie stöbern und schnüffeln sich ja im Einsatz intensiv durch Wald, Wiese, Gestrüpp, Unterholz und Co.

Gut zu wissen:
Vorsorge für deinen Hund freut den Bauern

Du kannst mit deinem Hund prophylaktisch etwas tun, damit dies möglichst nicht passiert. Erlaube deinem Hund nicht, durchs Feld und mitten durchs Getreide oder den Wald zu jagen. Du schützt deinen Hund damit und auch Bauer und Förster freuen sich über deine Rücksichtnahme.

Infektionen der Atemwege durch Bakterien und Viren

Hat dein Hund sich Bakterien oder Viren eingefangen, reagiert er wie wir mit den typischen Erkältungssymptomen **Husten, Schnupfen und Unwohlsein**. Er bekommt schlecht Luft, vielleicht mag er auch nicht mehr fressen, liegt lieber schlapp auf seiner Decke und döst vor sich hin.

Ist es nur ein Husten, dann geht es dem Hund ansonsten gut. Er ist fidel und hungrig wie gewohnt, möchte auch raus, hustet eben nur. Der Husten kommt, bleibt ein bisschen und geht wieder (siehe auch »Infektionen des Rachens« im Kapitel »Krankheiten und Auffälligkeiten der Maulhöhle«).

Unterstütze deinen Hund mit Medikamenten vom Tierarzt oder alkoholfreiem Hustensaft für Kinder, gönn ihm etwas Ruhe und halte ihn von anderen Hunden fern, damit er keine anderen Hunde ansteckt.

Hat er außerdem auch **rasselnde, blubbernde Atemgeräusche** und vielleicht sogar **Fieber**? **Dann geh spätestens jetzt zum Tierarzt.** Es könnte sich nämlich um eine Lungenentzündung handeln. Darauf kommen wir jetzt zu sprechen.

Lungenentzündung

Eine Lungenentzündung kann durch Bakterien und Viren und, bei uns in Deutschland allerdings selten, durch Pilze ausgelöst werden. Aber auch ein ganz einfacher Husten kann zu einer Lungenentzündung ausarten und auch eingeatmete Giftstoffe beziehungsweise giftige Dämpfe können dazu führen.

Eine Lungenentzündung beginnt, wie oben beschrieben, oft mit einem Husten. Nur, dass der nicht besser, sondern schlimmer wird. Und es kommen immer Symptome hinzu wie

ständiger Husten, Fieber, Appetitlosigkeit, rasselndes Atmen und Abgeschlagenheit. Hat ein Hund diese Symptome, muss er zum Tierarzt. Dieser wird ihn auf jeden Fall abhören, denn die Art der Atemgeräusche, das bereits erwähnte Atemmuster, gibt ihm deutliche Hinweise. Röntgenbild und evtl. eine Endoskopie, wie oben beschrieben, geben weiteren Aufschluss. Steht die Diagnose Lungenentzündung fest, gibt der Tierarzt dem Hund entsprechende Medikamente.

Lungenwürmer

»Würmer in der Lunge meines Hundes?« Eine schreckliche Vorstellung. Und doch kommen Parasiten in der Lunge vor. Bei uns in Deutschland sind es dann häufig Lungenwürmer. Sie heißen so, weil sie sich in der Lunge ansiedeln.

Schuld an den Parasiten sind die Nacktschnecken. Sie sind für die Würmer ein Zwischenwirt. Das heißt, in den Schnecken entwickeln sich die Würmer weiter, und wenn ein Hund an der Schnecke schnuppert oder sie gar frisst – schwupps, ist der Wurm im Hund und richtet sich in dessen Lunge häuslich ein. Deswegen solltest du deinem Hund verbieten, sich mit Nacktschnecken genauer zu beschäftigen.

Hat ein Hund Lungenwürmer, hat er die **Symptome eines Hustens oder einer Lungenentzündung**. Und genau das ist das Kritische an einem **Lungenwurmbefall: Wird er nicht erkannt, kann er sogar tödlich enden.** Allerdings verschlechtert sich der Zustand deines Hundes mit der Zeit; er verliert an Gewicht und es kann sogar zu verstärkten Blutungen und Kreislaufversagen kommen. Wie gesagt: Es kann, muss aber nicht.

Ein weiterer Grund, um bei einem Husten, der nicht unter die Kategorie »einfaches Hüsterchen« fällt, sicherheitshalber deinen Tierarzt aufzusuchen. Um einen Verdacht auf Lungenwürmer abzuklären, ist wie immer Abhören die erste Tat. Weitere diagnostische Möglichkeiten sind eine Kot- und Blutuntersuchung, außerdem Röntgen und eventuell eine Lungenspiegelung. Der Patient bekommt nun spezielle Wurmkuren, welche die Würmer abtöten.

Lungenfibrose

Die Lungenfibrose ist eine sogenannte degenerative Erkrankung. Sie tritt meistens erst bei älteren Hunden auf. Oft davon betroffen sind Terrier-Arten, vor allem der West Highland Terrier.

Bei der Lungenfibrose wird das gute, voll funktionsfähige Bindegewebe der Lunge durch minderwertiges ersetzt. Dadurch wird die Lunge steif und bewegt sich nicht mehr mit der Atmung mit. Der Hund bekommt **immer stärkere Atemnot.** Die **Atmung wird flacher und flacher**, weil die Lunge sich nicht mehr ausdehnen kann und somit kaum noch Luft hineinkommt.

Leider ist eine Lungenfibrose nicht heilbar und schränkt die Lebenserwartung des betroffenen Hundes ein.

West Highland Terrier

Pneumothorax

Bei einem Pneumothorax gelangt Luft aus der Lunge in den Brustkorb. Dies kann zum Beispiel dann passieren, wenn dein Hund einen Unfall hatte; dann kann die Lunge verletzt worden sein, ohne dass du es zunächst bemerkst. Dennoch ist durch den Unfall sozusagen ein »Leck« in der Lunge entstanden, wodurch die Luft in den Brustkorb gelangt ist. Und diese Luft im Brustraum nimmt der Lunge die Möglichkeit, richtig zu arbeiten. **Das ist akut lebensbedrohlich!**

Das Fatale daran ist, dass sich der Hund zunächst noch normal verhält und herumläuft, zum Beispiel gleich nach dem Unfall. Erst einige Zeit später wird er zusehends **schwächer und hechelt**, denn er **bekommt immer schlechter Luft**, was er durch **schnelles, flaches Atmen** auszugleichen versucht.

Wenn dein Hund also einen Unfall hat, dann geh immer mit ihm zum Tierarzt! Auch wenn es so scheint, als wäre er glimpflich davongekommen.

Innere Verletzungen können lebensbedrohlich sein, aber weil man sie nicht sieht, erkennt man sie nicht und denkt: »Puh, Glück gehabt, noch mal gut gegangen.« Und dann stirbt der Hund in der Nacht. Wenn der Tierarzt den Brust- und Bauchraum röntgt und so innere Verletzungen erkennt, kann er sie jedoch rechtzeitig behandeln.

Stellt der Tierarzt einen Pneumothorax fest, wird er die Luft aus dem Brustkorb holen. Er legt dazu ein Ventil, einen Schlauch, sodass die Luft entweichen kann.

Gut zu wissen: Den Welpen unbedingt vor Strom schützen

Zieht ein Welpe ein, sollte man seine Wohnung oder sein Haus vorher welpensicher machen. Dazu gehören auch die Steckdosen und die Stromkabel. Denn wenn ein Welpe an einem Stromkabel herumbeißt und tatsächlich »eine gewischt kriegt«, kommt es zu einem **Lungenödem**.

Zum Glück ist dieser Fall sehr selten, aber trotzdem: Vorsicht ist die Mutter der Porzellankiste.

Lungentumor

Ein Tumor ist eine sogenannte »Umfangsvermehrung«: Die Zellen teilen sich viel zu oft und viel zu schnell und somit entstehen unerwünschte Zellansammlungen.

Lungentumoren können sogenannte **Primärtumoren** sein, das bedeutet, dass sie auch in der Lunge entstanden sind. Sind sie noch klein, sind die Heilungschancen groß und die Tumoren können eventuell entfernt werden. Denn wie wir ja bereits wissen, gibt es die Möglichkeit, Teile der Lunge zu entfernen, und der Hund kann trotzdem weiterleben.

Handelt es sich um **Metastasen**, also um Tumoren, die ihren Ursprung woanders im Körper haben und in die Lunge gewandert sind, sieht die Prognose leider nicht so gut aus. Denn dann sitzt der Primärtumor woanders und hat bereits in die Lunge gestreut. Eine Operation würde den Herd nicht entfernen können.

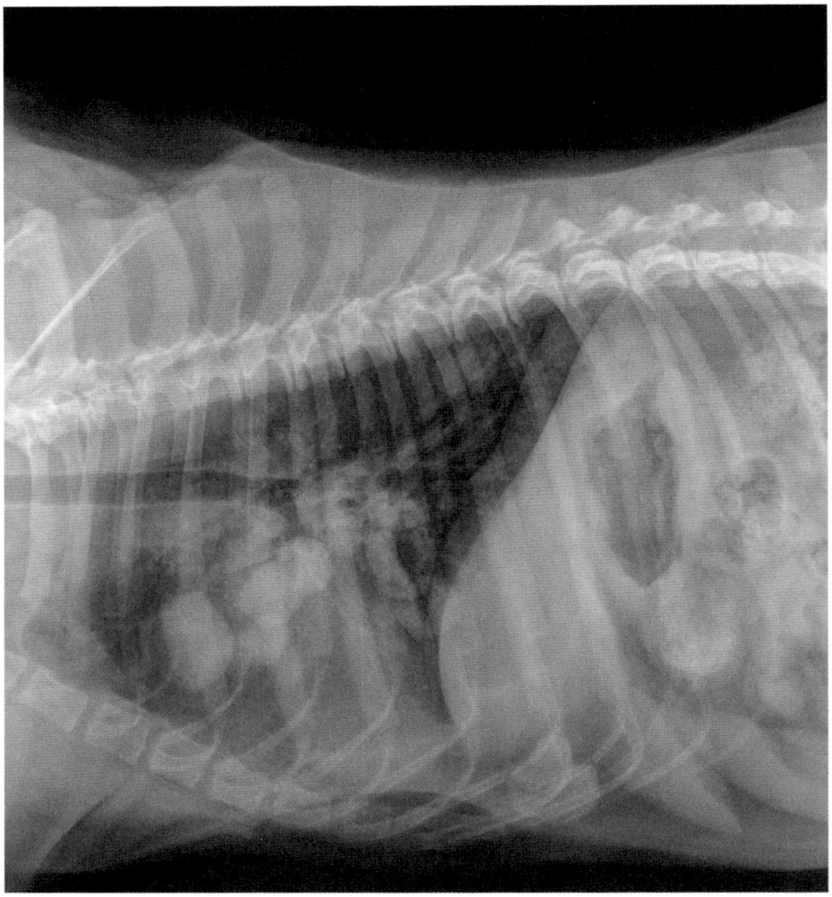

Röntgenaufnahme von Lungenmetastasen

Ein Tumor in der Lunge ist fatal, denn der Hund bemerkt es ja lange Zeit nicht und »beschwert« sich also auch nicht mit Husten oder anderen Symptomen. Und so kann der Tumor unbemerkt wachsen.

Auf zum Tierarzt!

Wann du deinen Hund unbedingt zum Tierarzt bringen musst:

- unstillbarer Husten
- Husten mit Fieber und Erschöpfung
- Atemnot

Das Herz

Bevor es losgeht mit der Anatomie des Herzens, hör es dir mal genau an. Leg dein Ohr an den Körper deines Hundes und lausche, wie das Herz schlägt und wie stark. Kannst du den Herzschlag deines Hundes gut hören oder musst du ganz genau hinhorchen? Und welche Art von Geräusch macht es? Eher so ein »Budup« oder mehr so ein »Buduschschsch?«

Allgemeine Infos zum Hundeherz

Wo der Ellenbogen deines Hundes aufhört, da ungefähr ist sein Herz. Und das sollte regelmäßige Geräusche machen. Es sollte regelmäßig »budup« machen und nicht so etwas wie »buduschschsch«. Ein gesundes Herz macht »budup«. Ein Hundeherz schlägt zwischen 70- und 100-mal pro Minute, je nach Rasse und Masse und sportlichem Trainingszustand. Je kleiner der Hund, desto schneller schlägt sein Herz. Das ist der Idealfall. 70- bis 100-mal pro Minute »budup«, und das ganz regelmäßig.

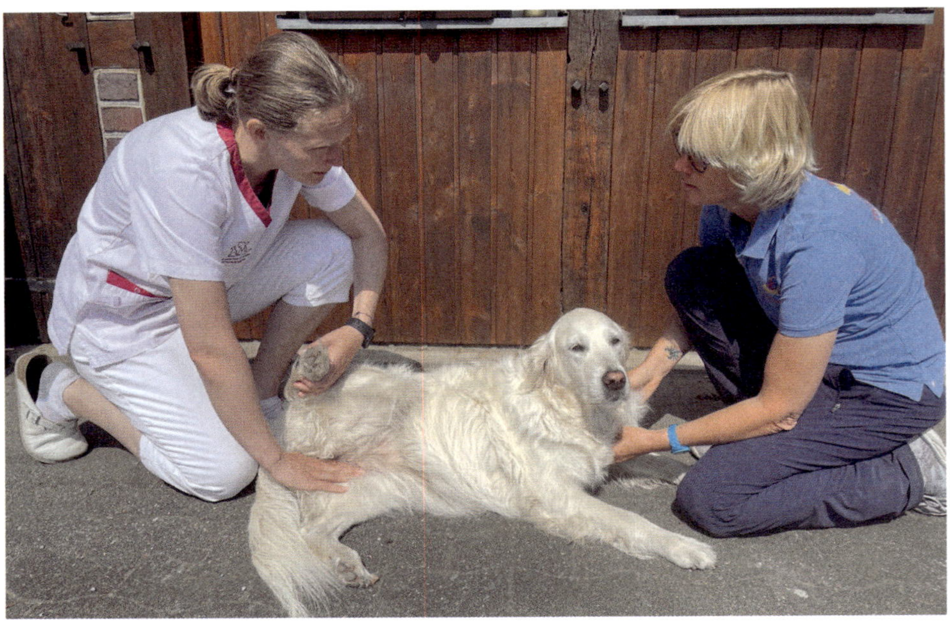

An dieser Stelle misst du den Puls deines Hundes

Manchmal schlägt es unregelmäßig. Wenn diese Unregelmäßigkeit aber synchron mit der Atmung einhergeht, dann muss man sich keine Sorgen machen, denn dieser unregelmäßige Rhythmus ist physiologisch bedingt. Und zwar dann, wenn das Herz mit der Ausatmung langsamer schlägt. Es beruhigt sich sozusagen mit der Ausatmung immer ein kleines bisschen. Wie bei uns Menschen: Wenn wir Atemübungen machen, dann wird nicht nur unsere Atmung langsamer und tiefer, sondern auch unser Herz beruhigt sich und schlägt langsamer. Das passiert hier immer bei der Ausatmung.

Gut zu wissen: Den Puls deines Hundes messen

Wenn der Herzschlag deines Hundes wie oben beschrieben nicht gut zu spüren ist, dann gibt es noch eine deutlichere Möglichkeit, und die befindet sich an der Innenseite des Oberschenkels deines Hundes. Wenn du dort deine Finger auflegst und einen ganz leichten Druck ausübst, dann kannst du den Puls gut spüren. Wir haben dir dazu ein Foto gemacht. Dort siehst du die genaue Stelle. Und wenn es trotzdem nicht sofort klappt, dann gib nicht auf. Wenn du es ein paarmal probiert hast, klappt es bestimmt.

Egal ob Mensch, Katze oder Hund – unsere Körper benötigen **Sauerstoff**, um zu leben. Diesen Sauerstoff holen wir uns aus der **Atemluft**. Wir atmen sie ein und sie landet in der Lunge. In den Alveolen, den Lungenbläschen, angekommen, geht der Sauerstoff dann über ins Blut. Das Blut ist nun voll frischem Sauerstoff und fließt ins Herz – also Lebensenergie pur. Das Herz nimmt das Blut hocherfreut auf und pumpt es in den Körper, der sich ebenfalls hocherfreut nun an die Arbeit macht. Die Muskeln bewegen sich, die Organe gehen ihren spezifischen Aufgaben nach, alles mit der elementaren Hilfe des Sauerstoffs.

Diesen Sauerstoff verbraucht der Körper bei seiner Arbeit, somit ist das Blut dann wieder sauerstoffarm. So wird es zurück in die Lunge gepumpt, damit es dort wieder mit Sauerstoff aufgefüllt werden kann. Immer wieder und wieder. Der Rhythmus des Lebens.

Das Herz hat somit immer zwei Arbeitsgänge zu erledigen. Ein Arbeitsgang ist, das Blut dorthin zu transportieren, wo es mit Sauerstoff aufgefüllt werden kann. Diesen Arbeitsgang bezeichnet man auch als »**Lungen-Kreislauf**«. Der zweite Arbeitsgang ist, das Blut dorthin zu transportieren, wo es gebraucht wird, um damit arbeiten zu können. Diesen Arbeitsgang nennt man auch **»Körper-Kreislauf«**.

Krankheiten und Auffälligkeiten des Hundeherzens

Das Herz ist der Lebensmotor deines Hundes. Leider ist es ebenso wenig unverwundbar wie seine anderen Organe. Auch das Herz kann angeborene und erworbene Herzfehler haben beziehungsweise bekommen, die wir uns jetzt genauer anschauen.

Angeborene Herzfehler

Angeborene Herzfehler heißen so, weil sie von Geburt an vorhanden sind. Der Welpe ist mit diesem Herzfehler auf die Welt gekommen. Sie können sich irgendwo im Herzen befinden, zum Beispiel **Defekte der Herzwand, Löcher in der Herzscheidewand oder ungenügend ausgebildete Klappen**. Und damit wären wir beim ersten Thema, dem angeborenen Herzfehler.

Wenn der Hund noch ein Embryo im Mutterleib ist, entwickelt sich ganz allmählich ein kleiner »Zellhaufen« zu einem wunderschönen Hund. Auch das Herz ist natürlich nicht von Anfang an perfekt, sondern entwickelt sich im Laufe der zwei Monate dauernden Trächtigkeit. Doch manchmal geht bei dieser Entwicklung etwas schief, ein sogenannter Defekt entsteht.

Angeborene Herzfehler sind solche Defekte. Diese angeborenen Defekte sollten möglichst früh erkannt werden, deswegen ist es wichtig, dass der Tierarzt bei der Erstuntersuchung des Welpen das kleine Herzchen ganz gewissenhaft und ausführlich abhört.

Loch in der Herzscheidewand

So ein Defekt kann zum Beispiel ein Loch in der Herzscheidewand sein. Die Herzscheidewand ist die Wand zwischen der rechten und der linken Herzhälfte. Jeder Embryo hat hier noch ein Loch, das sich aber bei der Geburt schließen sollte. Wenn das nicht passiert, dann liegt dieses Loch in der Herzscheidewand als Defekt vor. Das Blut fließt in die falsche Richtung, nämlich rückwärts, und das sorgt für einen Rückstau in der Lunge, für ein sogenanntes Lungenödem.

Herzklappe schließt nicht richtig

Weitere Entwicklungsdefekte können an der Herzklappe entstehen. Das Herz hat eine linke und eine rechte Seite. Beide Seiten haben jeweils **zwei Hohlräume,** genannt **»Vorhof« und »Kammer«**, und überall dazwischen gibt es **Klappen**, die wie Rückschlagventile funktionieren. Es sind sozusagen Türen, die nur in eine Richtung aufgehen und dicht sein müssen, damit das Blut immer in die richtige Richtung fließt.

Und wenn die Klappen, also die »Türen«, nicht richtig schließen, dann kommt Blut durch, wo es nicht durchkommen soll, und fließt in die falsche Richtung, nämlich rückwärts. Je nachdem, welche Tür kaputt ist, gibt es einen Rückstau in der Lunge oder im Körper, also entweder ein Lungenödem oder ein Körperödem.

Gut zu wissen: Dein Recht auf einen gesunden Welpen vom Züchter

Wenn man einen Welpen vom Züchter erwirbt, hat man Anspruch auf einen gesunden Hund. Wenn du frisch gebackener, glücklicher Welpenbesitzer bist, solltest du möglichst bald zum Tierarzt gehen. Zum einen, um deinem Welpen zu zeigen: »Guck mal, hier ist es ganz toll. Lauter nette Menschen verwöhnen dich hier, streicheln und füttern dich mit den tollsten Hundepralinen.« So lernt dein Welpe: »Hier brauche ich keine Angst zu haben, denn hier ist es ganz toll.« Und zum anderen, damit der Tierarzt deinen Welpen möglichst frühzeitig untersuchen kann. So kann er zum Beispiel erkennen, ob das Herz deines Welpen wirklich gesund ist.

Das frühe Erkennen dient in erster Linie dem Wohl des Welpen, aber wenn der Tierarzt solch einen Defekt des Herzens erkennt, kannst du beispielsweise den Züchter in Regress nehmen. Der Züchter kann nicht behaupten, das wäre aber bei der Abgabe noch nicht so gewesen, denn angeboren ist angeboren. Der Tierarzt des Züchters hat den Defekt vielleicht nicht erkannt, aber die Tatsache bleibt, dass ein kranker Hund verkauft wurde. Und das bedeutet, dass du den Welpen zurückgeben oder einen Preisnachlass einfordern kannst. Natürlich ist man längst so verliebt in seinen Welpen, dass Zurückgeben nicht infrage kommt, aber den Züchter informieren und besprechen, welche Lösung er anbietet, ist auf jeden Fall möglich.

Herzklappenerkrankung

Die genaue Ursache, warum sich eine Erkrankung an einer Herzklappe entwickelt, ist noch nicht bekannt. Tatsache ist aber, dass sich hierbei eine Klappe, also eine der Türen, verdickt. Dadurch schließt sie nicht mehr richtig und es kommt zum Rückfluss des Blutes. Das wiederum kann zu einem Lungenödem führen, also Flüssigkeit in der Lunge, die da nicht hingehört und das **Atmen erschwert**.

Außerdem **hustet** der Hund, **hechelt vermehrt** und seine **Fitness nimmt ab**, was man medizinisch »Leistungsinsuffizienz« nennt. Und nicht nur das: Im schlimmsten Fall kann der Hund sogar **ohnmächtig** werden und **bläuliche Schleimhäute** zeigen, was ein Zeichen für eine starke **Unterversorgung mit Sauerstoff** ist.

Der Tierarzt hört den Hund ab, röntgt ihn und kann einen **Herzultraschall** durchführen. Im Herzultraschall kann man das Herz richtig arbeiten sehen, man sieht, wie sich die Klappen öffnen und schließen, und kann die Fließgeschwindigkeit berechnen.

Behandelt wird diese Erkrankung mit **Medikamenten**, die die Herzfunktion unterstützen.

Gut zu wissen: Kleine Hunde neigen eher zu Herzklappenerkrankungen

Hunde, die man mit einer Hand hochheben kann, haben eher Erkrankungen an den Klappen, ganz vorne mit dabei ist der Rauhaardackel.

Hunde, die man nur mit beiden Händen hochheben kann, entwickeln eher Erkrankungen an der Muskulatur des Herzens, hier ist der Dobermann ganz vorne mit dabei, zum Beispiel mit einer DCM – darauf kommen wir gleich unten zu sprechen.

Diese Regel nennt man auch die »Eine-Hand-und-zwei-Hand-Regel.«

Dilatative Kardiomyopathie (DCM)

Bei dieser Erkrankung wird die Muskulatur des Herzens ganz dünn und damit natürlich schwach. Die Herzleistung ist dann herabgesetzt.

Typische Symptome einer DCM sind: **Husten, Atemnot, vermehrtes Hecheln** und, wenn es schlimmer kommt, **Ohnmacht** und **blaue Schleimhäute**.

In allen Fällen von Herzerkrankungen arbeitet das Herz schlechter, und die Folge davon ist, dass der Körper nicht mehr ausreichend mit Sauerstoff versorgt ist. Und zu wenig Sauerstoff bedeutet immer, nach Luft, also nach Sauerstoff, zu ringen.

In diesen Fällen bekommt der Hund Medikamente, die den schwachen Muskel unterstützen, sodass er wieder kräftiger pumpen kann.

Dobermann

Erguss des Herzbeutels

Der Herzbeutel umgibt das gesamte Herz. Dieser Beutel ist ein festes Gewebe, das nur in geringem Ausmaß nachgibt. Das ist auch ausreichend, denn das Herz pumpt und bewegt sich zwar, aber es vergrößert oder verkleinert sich dabei kaum. Wenn allerdings Flüssigkeit im Herzen entsteht, kann sich der Beutel nicht ausdehnen und das Herz wird zusammengedrückt. Und so gequetscht kann das Herz wiederum nicht mehr vernünftig arbeiten, es wird geschwächt.

Solch ein Erguss des Herzbeutels kann verschiedenste Ursachen haben. Liegt zum Beispiel ein Tumor vor, ist die Ursache klar, aber es gibt auch Ergüsse, deren Ursprung nicht herauszufinden ist. Wieder ist das Herz natürlich geschwächt und somit auch der Hund. Er **hechelt viel, atmet schnell,** ist **kaum noch belastbar, schnell müde** und selbst sein **Appetit ist verringert**.

Der Tierarzt wird den Erguss **punktieren**, also die Flüssigkeit absaugen. Manchmal kommt dann der Erguss nie wieder: Das war's, Glück gehabt! Wenn der Herzbeutel sich aber immer wieder aufs Neue füllt, müssen andere Maßnahmen ergriffen werden. Eine Möglichkeit sind Medikamente, allerdings muss man leider sagen, dass sie oft nicht wirksam sind. Und so bleibt die Operation.

Bei dieser wird ein Loch in den Herzbeutel geschnitten, sodass die Flüssigkeit in die Lunge abläuft. Das ist für die Lunge kein Problem; sie kann die Flüssigkeit aufnehmen. Die Flüssigkeit im Herzen bildet sich zwar weiterhin, aber sie läuft ab, und so wird das Herz in seiner Arbeit nicht eingeschränkt.

Wenn ein Tumor vorliegt, sollte mit einem Spezialisten besprochen werden, ob hier noch eine OP möglich und für den Hund auch sinnvoll ist.

Herzwürmer

Bei der Lunge haben wir die Würmer schon kennengelernt. Auch im Hundeherz können diese Biester leider vorkommen und ihr Unwesen treiben.

Noch gibt es nur wenige Fälle in Deutschland, denn sie sind vor allem in südlichen Gefilden beheimatet. Aber ihre Verbreitung steigert sich, denn immer mehr Hunde werden international vermittelt. Übertragen werden die Herzwürmer durch eine Stechmückenart.

Die Würmer sorgen für die typischen Symptome einer Herzerkrankung: **Von Atembeschwerden über ständiges Husten, Erschöpfung und Müdigkeit bis hin zu blauen Schleimhäuten und Ohnmachten** ist alles möglich.

Ob es sich wirklich um Würmer handelt, kann der Tierarzt mithilfe einer Blutuntersuchung und des Ultraschalls herausfinden. Ist das Herz nur leicht befallen, gibt es gute Heilungschancen, bei hochgradigem Befall ist das Leben des Hundes nur noch selten zu retten.

Herzwürmer sind eine schlimme, lebensbedrohliche Erkrankung des Hundes. Der erkrankte Hund selbst kann sterben, aber er kann auch andere Hunde anstecken und somit auch deren Leben bedrohen. Deswegen ist es sehr wichtig, dass die aus dem Ausland importierten Hunde vorher gründlich untersucht werden. Und zwar nicht nur im Sinne von »sieht gut aus, kann fahren«, sondern wirklich gründlich, um eben auch solche Parasiten ausschließen zu können. Hol dir also nur dann einen Hund aus dem Ausland, wenn du genau weißt, dass er gewissenhaft durchgecheckt wurde.

Auf zum Tierarzt!

Wann du deinen Hund unbedingt zum Tierarzt bringen musst:

- Atemnot
- Ohnmacht

Die Leber

Die Leber ist unser größtes Organ und das Hauptentgiftungsorgan schlechthin. Bei der Verdauung von Nahrungsmitteln entstehen sogenannte Abfallprodukte, egal ob von Chips und Rotwein oder frischem Joghurt – immer entstehen auch Stoffe, die vom Körper abgebaut werden müssen. Das erledigt zum großen Teil die Leber. Durch sie fließt das gesamte Blut, und sie muss den Schmutz, sprich die Gifte, da wieder rausfiltern.

Allgemeine Infos zur Hundeleber

Die Hundeleber besteht, genau wie die Lunge, aus mehreren **Lappen**. Das bedeutet, auch sie kann man operieren, Teile von ihr entfernen, und trotzdem kann der Hund noch weiterleben.

Sie sitzt am Baucheingang, hat verschiedene kleine Aufgaben, aber ihre ganz große Hauptaufgabe ist das Säubern des Blutes. Die Leber fischt alles Schlechte, also Giftstoffe und Unverträgliches, aus dem Blut und macht es dadurch wieder sauber, sodass der Rest des Körpers, seine Organe, arbeiten können. Das Blut enthält wieder die Bestandteile, die es enthalten muss, damit der Körper arbeiten kann.

Krankheiten und Auffälligkeiten der Hundeleber

Im Folgenden berichte ich dir von den drei häufigsten Problemen, welche die Leber so haben kann.

Shunt

Damit die Leber das Blut säubern kann, muss es natürlich auch durch die Leber durchfließen. Darin liegt das Problem, wenn ein Hund einen meist angeborenen »Shunt« hat. Das fällt in der Regel schon im Welpenalter auf. In diesem Fall ist ein Blutgefäß missgebildet und läuft nicht *durch* die Leber, sondern *an ihr vorbei*.

Das ist denkbar schlecht, denn dann kann das Blut nicht ausreichend gesäubert werden. Giftstoffe verbleiben im Körper.

Das Blut, das eigentlich in der Leber gesäubert werden sollte, läuft weiter durch den Körper und natürlich auch durchs Gehirn. Das Gehirn kann aber mit dem nicht entgifteten Blut nicht richtig arbeiten, es ist im wahrsten Sinne des Wortes »vernebelt«. Dadurch kommt es zu den folgenden Symptomen: Der Welpe ist ständig müde und schlapp, lustlos und hat große Schwierigkeiten, etwas zu lernen. Und nicht nur das, sondern es kann auch zu Krämpfen und neurologischen Ausfällen kommen.

Um herauszufinden, ob dein Hund einen Shunt hat, kann der Tierarzt ein **Blutbild** machen. Er erkennt dann an den veränderten Blutwerten, ob es ein Shunt ist oder sein könnte. Sehr große, also sehr deutliche Missbildungen, erkennt der Tierarzt auch im **Ultraschall**. Eine dritte Möglichkeit ist das **CT**. Dieses Verfahren ist sehr genau, und spätestens hier kann der Tierarzt erkennen, ob es sich um einen Shunt handelt. Und wenn dem so ist, dann kann der Tierarzt operieren und die Gefäße im wahrsten Sinne des Wortes in geordnete Bahnen bringen.

Ein Shunt kommt nicht sehr häufig vor, aber häufig genug, um ihn zu erwähnen. Und er betrifft meistens kleine weiße Hunde.

Malteser

Leberentzündungen

Ursache für Entzündungen der Leber sind Bakterien, die mit dem Blut in die Leber transportiert werden und hier ihr Unwesen treiben.

Ein Hund mit einer entzündeten Leber ist **müde und lustlos**, hat nur noch **wenig oder gar keinen Appetit** mehr, erbricht sich eventuell und hat Fieber. Ist die Leber schon stark entzündet, hat der Hund gelbe Schleimhäute.

Es gibt einen Farbstoff im Blut, das **Bilirubin**. Ist die Leber entzündet, kann sie diesen Farbstoff nicht mehr ausreichend abbauen, und so sammelt er sich zuhauf im Blut an und färbt schließlich die **Schleimhäute gelb**.

Auch hier findet der Tierarzt durch **Blutuntersuchung und Ultraschall** heraus, ob es sich wirklich um eine Entzündung der Leber handelt. Wenn er auf Nummer sicher gehen möchte, weil die vorherigen Untersuchungen keine genaue Klarheit gegeben haben, kann er eine **Biopsie** machen. Dazu entnimmt er Gewebe aus der Leber, und wenn er dieses Gewebe dann untersucht, kann er die Entzündung genau feststellen.

Steht die Diagnose Leberentzündung fest, bekommt der vierbeinige Patient entsprechende Medikamente und gegebenenfalls zusätzlich Infusionen.

Lebertumor

Am Anfang des Kapitels habe ich bereits erwähnt, dass auch die Leber aus mehreren Lappen besteht. Das kommt ihr insbesondere dann zugute, wenn ein Tumor in der Leber entstanden ist, der rausoperiert werden muss. Aber erst einmal muss man diesen entdecken, und das ist gar nicht so einfach.

Ist der Tumor **gutartig**, verursacht er manchmal lange Zeit gar keine Symptome, wird somit nicht entdeckt und kann wachsen und sich immer mehr vergrößern. Ist er **bösartig**, verursacht er oft die gleichen unspezifischen Symptome wie eine Leberentzündung: Der Hund frisst nicht, ist müde, schlapp und lustlos, hat vielleicht Fieber.

Nur vom Ansehen, dem ersten Eindruck und von den Beschreibungen seines Besitzers kann der Tierarzt also noch nicht wissen, was der Hund hat. Er muss deswegen Blut abnehmen und einen Ultraschall machen, damit er die Ursache für das Unwohlsein des Hundes herausfinden kann. Auch ein Tumor wird über die Blutuntersuchung und den Ultraschall entdeckt. Und wenn ein Tumor entdeckt wird, kommt es wiederum darauf an, welche Art Tumor es ist.

Ist es ein sogenannter **Primärtumor**, ist er in der Leber selbst entstanden und kann mit etwas Glück herausoperiert werden. Hat er aber schon gestreut, sind also schon **Metastasen** entstanden, ist die Prognose leider nicht gut, und dann muss man individuell entscheiden, ob man dem Hund eine OP noch zumuten möchte.

Der Primärtumor kann auch woanders sitzen, aber in die Leber gestreut haben. Dann sind in der Leber Metastasen, und die Wahrscheinlichkeit ist hoch, dass auch weitere Organe betroffen sind.

Auf zum Tierarzt!

Wann du deinen Hund unbedingt zum Tierarzt bringen musst:

- gelbe Schleimhäute
- Bauchweh
- Erbrechen

Die Milz

Die Milz ist ein kleines Organ, das sich ebenfalls in der Bauchhöhle befindet.

Allgemeine Infos zur Hundemilz

Obwohl sie nicht oft Erwähnung findet, trägt die Milz doch durchaus zur Gesundheit deines Hundes bei: Sie differenziert die im Knochenmark gebildeten Lymphozyten und spielt damit eine Rolle bei der **Abwehr von Krankheitserregern**. Außerdem filtert sie das Blut, indem sie alte und kaputte Zellen »eliminiert«. Hauptsächlich fungiert sie aber als **Speicher für rote Blutkörperchen und Blutplättchen**, ist also sozusagen der »Container« für das Blut.

Die Milz ist kein lebensnotwendiges Organ, sowohl unsere Hunde als auch wir Menschen können gut ohne sie auskommen. Deren Aufgaben übernimmt dann die Leber.

Meist ist die Milz unauffällig, so unauffällig, dass man manchmal ganz vergisst, dass sie auch noch da ist. Sie befindet sich auf der linken Seite des Hundekörpers, ungefähr zwischen Magen und Niere. Spannend ist noch, dass sie ihre Größe verändern kann. Das ist zum Beispiel bei Fieber der Fall. Arbeitet das Immunsystem stark, vergrößert sie sich.

Bei Schäferhunden ist die Milz oft überdurchschnittlich groß – warum, ist noch nicht bekannt. Der Schäferhund leidet darunter nicht, er ist also nicht krank, wenn er eine große Milz hat. Es ist einfach nur ein Phänomen, das auffällt, und deswegen an dieser Stelle besondere Aufmerksamkeit bekommt.

Eine recht unbekannte Aufgabe der Milz ist die Prägung der noch sehr unreifen Abwehrzellen. Die Milz bereitet die Abwehrzellen quasi auf ihre ganz speziellen Aufgaben vor. Außerdem filtert sie alte oder veränderte rote Blutkörperchen und Blutplättchen aus dem Blut, eliminiert diese also sozusagen. Obwohl der Milz häufig keine große Beachtung geschenkt wird, ist auch sie ein wichtiges Organ.

Deutscher Schäferhund

Krankheiten und Auffälligkeiten der Hundemilz

Bei der Milz gibt es nur eine häufige Erkrankung, den Tumor. Von dem erzähle ich dir jetzt.

Milztumor

Die Milz entzündet sich nur selten, häufiger ist sie von einem Tumor betroffen. Oftmals sind die Hunde schon im Rentenalter, wenn sich dort ein Tumor entwickelt. Da aber wie erwähnt ein Hundeleben ohne Milz auch möglich ist, kann sie also herausoperiert werden.

Leider sind Milztumoren **häufig bösartig**, und so muss gut geprüft werden, ob außer der Milz noch weitere Organe betroffen sind. Dann muss entschieden werden, ob man seinem Hund diese OP im vielleicht schon hohen Alter noch zumuten möchte und wie sein Gesamtzustand ist.

Rassen, die verstärkt von Milztumoren betroffen sind, sind der Golden Retriever, Doggen, Schäferhund und der Rottweiler. Hat ein Hund einen Milztumor, zeigt er Symptome von **Unwohlsein und Erkrankungsgefühlen**. Seine Symptome sind nicht spezifisch, das heißt, dass sie etwas »schwammig« sind und nicht genau anzeigen, was der Hund hat. **Ihm geht es nicht gut, das fällt auf. Er hat keinen richtigen Appetit mehr, ist auffällig müder als sonst.** Wenn dir das bei deinem Hund auffällt, geh mit ihm vorsichtshalber zum Tierarzt und lass deinen Schatz durchchecken.

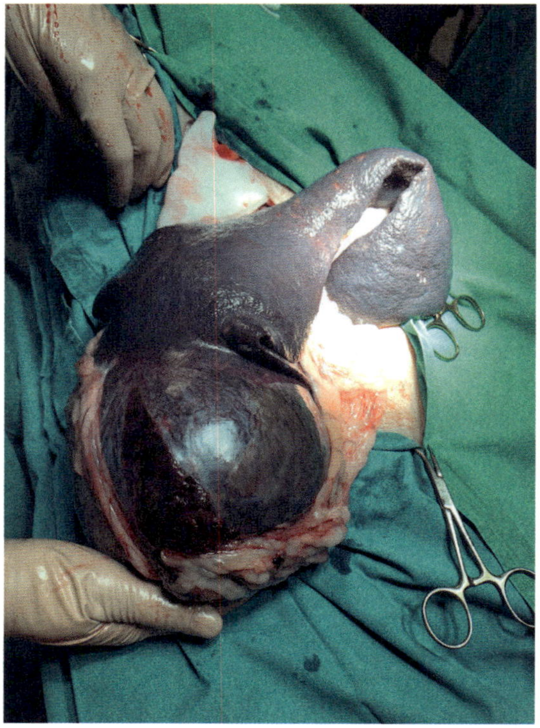

Milztumor

Wenn der Tumor sehr groß ist, kann die **Milz reißen.** Das kann zu einem **akuten Kreislaufkollaps und Atemnot** führen und ist leider gar nicht so selten.

Auf zum Tierarzt!

Wann du deinen Hund unbedingt zum Tierarzt bringen musst:

- plötzlich blasse Schleimhäute
- dicker Bauch

Der Magen-Darm-Trakt

Magen und Darm sind ein großer und wichtiger Bestandteil unseres Körpers – und natürlich ebenfalls von unseren Hunden.

Allgemeine Infos zum Magen-Darm-Trakt des Hundes

Bemerkbar machen können sich Magen und Darm auch mehr oder weniger lautstark; ab und an grummelt und blubbert und gurgelt es gewaltig im Hunde-Magen-Darm-Trakt. Das hast du bestimmt auch schon einmal gehört. In den meisten Fällen ist das Teil der natürlichen Verdauung; es sind Gase, die dabei entstehen und sich ihren Weg bis zum »Ausgang« des Hundes suchen.

Ein Blick auf das, was noch »hinten aus unserem Hund« herauskommt, lohnt sich beim Einsammeln – wenn unser Hund eine feste Wurst herausdrückt, die ordentlich stinkend in die Wiese fällt, ist mit der Verdauung meist alles in Ordnung. Dann wurden der Nahrung alle wertvollen und nutzbaren Inhalte samt Flüssigkeit entzogen und dem Körper unseres Hundes zugeführt, damit dieser gesund und fit bleibt. Und der Rest darf frohgemut entsorgt werden.

Der Darm ist so geschickt konstruiert, dass er in den Körper des Hundes reinpasst. Das ist gar nicht so selbstverständlich, denn würde man den Darm des Hundes ausbreiten, wäre er mindestens so groß wie ein Fußballfeld und das passt nun eindeutig nicht in einen Hund. Aber durch die raffinierte Konstruktion, nämlich die **Darmzotten**, passt alles rein in den Hund und kann wunderbare Arbeit verrichten, nämlich unsere Hunde mit allen nötigen Stoffen versorgen, die sie brauchen, um lange gesund und fit zu bleiben. Kurz gesagt: Vorne geht alles rein und hinten wieder raus.

Vorne geht also zunächst alles rein, was der Hund so aufnimmt. Im Idealfall ist es das gute Futter. Dein Hund verleibt es sich ein, und hier beginnt auch sofort die Verdauung, denn der **Speichel** des Hundes hat schon die ersten Verdauungsaufgaben. Wie der Name schon sagt, speichelt er das Futter ein und macht mit den Zähnen gemeinsame Sache, denn beide zusammen zerkleinern es, damit es besser rutscht. Das Futter wird runtergeschluckt und rutscht dann durch die Speiseröhre in den Magen.

Der **Magen** ist Auffangbehälter für den Brei und hier geht's auch schon ordentlich zur Sache: Der Magen produziert Verdauungssäfte, unter anderem die Magensäure, und damit kann der Verdauungsvorgang beginnen. Das Futter wird zersetzt und aufgespalten, erste nutzbare Inhalte des Futters werden aufgenommen, zum Beispiel Fette, Kohlenhydrate und Eiweiße.

Im **Dünndarm** geht die Verdauungsarbeit dann weiter. Die guten Inhalte, wie zum Beispiel Vitamine und Nährstoffe, werden aufgenommen und über den Blutweg im Körper an die richtigen Stellen verteilt. Das, was dann noch übrig ist, rutscht weiter in den **Dickdarm**.

Während Magen und Dünndarm also mehr für die Verarbeitung und Aussortierung der Nahrung zuständig sind, ist der Dickdarm für die Form zuständig, in der das übrig gebliebene Unverdauliche dann den Hundekörper wieder verlässt. Der Dickdarm entzieht dem Verdauungsbrei Flüssigkeit. Flüssigkeit ist sehr wichtig für all unsere Körper, egal ob Mensch oder Hund. Deswegen behält der Körper so viel wie möglich davon ein und somit ist der Kot deines Hundes im Idealfall fest. Eine richtig schöne feste Wurst und dafür sorgt der Dickdarm. Nicht nur Magen und Darm sind zuständig für die Verdauung, auch weitere Organe helfen und unterstützen: **Leber und Bauchspeicheldrüse** produzieren zum Beispiel Verdauungssekrete und geben sie über spezielle Gänge in den Dünndarm ab.

So ist es, wenn alles anstandslos funktioniert. Was kann nun schiefgehen?

Manchmal kommen Kunden in die Tierarztpraxis, weil der Hund **etwas Falsches gefressen** hat. Wenn ich da so an meine Mable denke, kann ich das sehr gut nachvollziehen. Als Golden Retriever macht sie da ihrer Art alle Ehre und findet (fast) alles lecker, was man so in sein Maul kriegen kann.

Natürlich darf sie das nicht, und wenn doch mal etwas – natürlich nur rein zufällig – in ihrem Maul gelandet ist und ich rufe »Aus!«, dann spuckt sie es auch wieder aus. Aber manches (ich möchte es jetzt lieber nicht näher beschreiben) kann Hund einfach nicht wieder ausspucken, weil es dafür zum Beispiel zu klebrig und weich ist. Und von dem, was ausspuckbar ist, bleibt auch schon mal trotzdem ein Rest am Gaumen kleben und wird dann runtergeschluckt.

Mable ist allerdings zum Glück wirklich golden, also die goldene Mitte, denn sie ist keine fanatische Allesfresserin. Es gibt Hunde, die fressen selbst Dinge, die man gar nicht fressen kann, wie Strümpfe, Reißverschlüsse, Leinen, Unterhosen und sonstige mysteriöse Gegenstände. Das ist natürlich nicht mehr lustig und nicht mehr gut. Deswegen sollte dein Hund unbedingt das »Aus« beherrschen und außerdem lernen, nichts »einfach so« vom Boden zu fressen.

Gut zu wissen: So lernt dein Hund »Aus!«

Wenn du deinem Hund das Signal »Aus« beibringen möchtest, ist es wichtig, dass er es freiwillig tut. Zieh ihm also nicht das, was er gerade im Maul hat, einfach aus dem Maul heraus und benenne es mit »Aus«, denn dann gibt er seine Eroberung ja nicht freiwillig her.

Denn genau das soll er ja: Bei »Aus« so schnell wie möglich seine Eroberung ausspucken, weil er weiß, bei dir gibt es etwas, das noch besser und viel toller ist.

Wenn es bei euch nicht gut klappt mit dem »Aus«-Lassen, dann kannst du ein neues Signal einführen und es damit neu üben.

Was außerdem unter anderem dagegen hilft, dass dein Hund alles Mögliche vom Boden frisst, sind eine gute Erziehung und **aktive Spaziergänge**. Aktiv und spannend. Und zwar für deinen Hund mit dir. Wenn ihr beide einfach nur so vor euch hin spaziert, dann ist deinem Hund zum Beispiel nach einiger Zeit langweilig. Dann fängt er an, sich Abwechslung zu suchen. Dazu benutzt er zum Beispiel seine Nase: »Mal gucken, was es hier so alles zu schnüffeln gibt.« Und dann entdeckt er viele spannende Dinge wie Pferdeäpfel, Katzenhaufen oder Kaninchenköttel – alles beliebte Entdeckungen, die gefressen werden wollen, aber nicht sollen.

Wenn du deinen Hund aber unterwegs beschäftigst und ab und an mal zu dir rufst, ihn über Baumstämme balancieren oder etwas apportieren lässt, wenn du ihm Tricks beibringst und ihn auf Entfernung sitzen oder stehen lässt oder wenn du »Keksbäume« entdeckst und dein Hund sie finden darf, indem er mit den Vorderpfoten am Baum hochsteigt (siehe dazu die entsprechende Übung auf Seite 213), dann bist du sehr wahrscheinlich interessanter als der Pferdeapfel oder kannst ihn vorher davon abrufen, weil dein Hund noch lieber etwas mit dir unternimmt, als »Pferdepralinen« zu fressen.

Krankheiten und Auffälligkeiten des Hunde-Magen-Darm-Trakts

Der Magen-Darm-Trakt ist ein großes und vielbeschäftigtes Organ, deswegen kann ihm auch eine Menge zustoßen, und davon berichte ich dir jetzt. Dieses Kapitel ist lang, denn es gibt wirklich einiges zu erzählen.

Durchfall

Ob Mensch oder Hund: Durchfall kennen wir alle. Mal was Falsches gegessen, mal ein kleiner Infekt – in der Regel ist das nicht schlimm und nach kurzer Zeit ist alles wieder gut. Wenn dein Hund also mal Durchfall hat, musst du nicht gleich vom Schlimmsten ausgehen. Schone ihn etwas, gib ihm Reis, sorge dafür, dass er trinkt, und manche schwören auch auf die **Morosche Suppe**. Das Rezept dazu findest du im Internet.

Mable hat zum Glück nur sehr selten Durchfall. Ich gebe ihr dann Reis, manchmal auch so richtig trockenes, hartes Brot zum Knabbern, und dann ist es auch meist am nächsten Tag schon wieder gut. Das mache ich bei mir selbst auch so: einfache Kost oder auch mal einen Tag keine Kost, meinen Körper arbeiten lassen, und am nächsten oder übernächsten Tag geht alles wieder seinen normalen (Stuhl-)Gang.

Aber wenn der **Durchfall sehr wässrig oder gar blutig** ist und wenn er nicht besser wird oder/und dein Hund einen **erschöpften Eindruck** auf dich macht, dann solltest du doch **lieber zum Tierarzt fahren**. Denn dann könnte es auch etwas Ernsteres sein, zum Beispiel, dass sich dein Hund Parasiten eingefangen hat oder eine Darmerkrankung vorliegt.

Übrigens, wenn Mable zu wenig trinkt, dann gebe ich ein klitzekleines Stück Wurst in ihr Wasser. Schon hat das Wasser Geschmack und wird gleich viel lieber getrunken.

Fremdkörper im Magen-Darm-Trakt/Vergiftung

Wenn dein Hund nun doch einen Fremdkörper gefressen hat, dann kann es sein, dass er einfach durch den Magen-Darm-Trakt geschleust wird und hinten wieder rauskommt. Das ist der Idealfall. Aber leider sind gefressene Fremdkörper auch manchmal unverträglich oder gar giftig, zum Beispiel wenn dein Hund nicht nur die Reste des Döners frisst, die er auf dem Parkplatz entdeckt hat, sondern auch die Alufolie gleich mit, in der diese Leckerei eingepackt war. Oder die Fremdkörper sind zwar nicht direkt giftig, aber eckig und spitz und könnten somit die Verdauungsorgane deines Hundes verletzen oder im Darm hängen bleiben wie zum Beispiel das Holzspielzeug deines Kindes. Oder das Gefressene verschließt den Darm und es entsteht der sogenannte **Darmverschluss**. Das kann zum Beispiel bei Socken und Bällen passieren. Alle diese Dinge und noch einige mehr müssen nicht, aber können für deinen Hund lebensgefährlich werden.

Eine Kundin von mir hat das »Zieh« aus meinem Kartendeck geübt. Dazu hat sie an einem Schweineohr ein Seil befestigt, an dem ihr Hund es unter dem Sofa hervorziehen sollte. Das hat er auch sofort verstanden und getan, leider hat er dann nicht nur das Schweineohr gefuttert, sondern das Seil gleich mit. Meine Kundin hat ganz entspannt abgewartet und es ist auch gut gegangen. Ich bin da deutlich vorsichtiger und fahre viel schneller zum Tierarzt, als es diese gelassene Kundin getan hat.

Die goldene Mitte ist sicher klug. Du musst nicht hysterisch überreagieren, sobald dein Hund mal etwas Komisches gefressen hat oder gefressen zu haben scheint, ihn und seinen Kot aber ein paar Tage lang gut beobachten und wenn dir an seinem Verhalten etwas ungewöhnlich erscheint, lieber zum Tierarzt gehen.

Solltest du allerdings vermuten oder gar live mitbekommen, dass dein Hund etwas Giftiges gefressen hat, dann warte auf keinen Fall ab, sondern geh sofort zum Tierarzt. Hier ist Eile geboten, denn abwarten kann für deinen Hund tödlich enden. Wenn du dem Tierarzt dann noch sagen oder zeigen kannst, was dein Hund gefressen hat oder haben könnte, dann hilfst du dem Tierarzt und deinem Hund enorm weiter. Das kann ebenfalls lebensrettend sein.

Wichtig zu wissen: Was für deinen Hund giftig und in größeren Mengen sogar tödlich ist

Diese für uns harmlosen Lebensmittel sind Gift für deinen Hund:

- Schokolade und Kakao
- Weintrauben oder Rosinen
- Zwiebeln
- Knoblauch
- Koffein

- Kernobst (die Kerne enthalten giftige Blausäure)
- Alkohol
- Xylit
- Macadamia-Nüsse

In **Schokolade** bzw. genauer gesagt im Kakao ist ein Stoff enthalten, der sich **Theobromin** nennt. Wir und übrigens auch Katzen haben Enzyme, die das Theobromin spalten und somit abbauen können. Der Hund aber leider nicht. Ja, irgendwie wird auch der Hundekörper das Zeug so nach und nach und in kleinen Mengen wieder los, aber größere Mengen sind nicht nur unverträglich, sondern können lebensgefährlich werden für den Hund.

Innerhalb von ein bis zwei Stunden wird das Theobromin vom Magen-Darm-Trakt aufgenommen und im gesamten Körper verteilt. Um das Zeug wieder loszuwerden, benötigt der Hund aber das zigfache an Stunden. Nach über 17 Stunden ist erst die Hälfte abgebaut; das ist verdammt lang. Die Leber baut das Gift ab, die Nieren sorgen dann für die Ausscheidung. Und wenn das Theobromin jetzt auch noch in großen Mengen gefressen wurde, kannst du dir sicher vorstellen, was für eine extreme Situation das für den Hund darstellt.

Leg deine Osterhasen, Nikoläuse, deine Pralinen und jegliche Schoki-Süßigkeiten also unbedingt für deinen Hund unerreichbar weit weg. Wie heißt es so schön? Die Menge macht das Gift. Im Internet gibt es verschiedene »Schokoladen-Rechner«. Darüber kannst du kostenfrei ausrechnen lassen, wie viel Theobromin die Schokolade enthält, die dein Hund gerade gefressen hat.

Schokolade ist mit Abstand das giftigste Nahrungsmittel für unsere Hunde, aber auch einige weitere Nahrungsmittel, die wir gerne zu uns nehmen, sind für unsere Hunde nicht gut verträglich. Manches ist völlig klar, wie eben Schokolade und auch Alkohol, an andere Lebensmittel wie Obstkerne, Brokkoli oder auch Erdnüsse denkt man erst mal gar nicht. Und die einzelnen Maiskörner sind zwar verträglich für Hunde, aber fressen sie den ganzen Strunk, kann das zu einem Darmverschluss führen, weil der Strunk einfach nicht durch den Darm hindurchpasst.

Was dein Hund übrigens auch auf gar keinen Fall fressen sollte, ist **Schneckenkorn**. Diese Kügelchen kommen in einem hübschen Blau daher, sind aber extrem giftig. Ein Hund, der Schneckenkorn gefressen hat, baut zügig ab. Er wird **matt,** bekommt **Durchfall** und **erbricht.** Es treten auch **neurologische Ausfälle** auf.

Schneckenkorn wirkt sehr schnell **lebensbedrohlich** für den Hund. **Wenn du also mitbekommst oder auch nur ahnst, dass dein Hund etwas davon gefressen hat, fahre bitte sofort zum Tierarzt. Sofort!**

Hier kommt wieder Mable mit einem Topbeispiel ins Spiel: Sie hat nämlich als Welpe mal ein rosafarbenes Kondom gefressen (kein Witz, das war wirklich so). Sie traf auf ihren besten Kumpel und war so aufgeregt, dass sie etwas ins Maul nehmen musste, und schwupps – auf einmal war es weg. Nun hätte zweierlei passieren können: Es hätte einfach durchrutschen können oder auch den Darm verschließen. Das war mir zu heikel. Lange warten, das war klar, ist nicht gut. Denn dann beginnt der Verdauungsprozess und das Kondom rutscht weiter und kann nun sein Unheil treiben. Wir wussten, wir haben ungefähr eine Stunde Zeit fürs Erbrechen. Also haben wir das Rendezvous der Hunde abgebrochen und ich bin zu unserer Tierärztin gefahren. Sie hat Mable ein Brechmittel gegeben, und siehe da, das Kondom tauchte wieder auf. In hübschem Rosa lag es unschuldig wie eine Schlange gewunden auf dem halb verdauten Nahrungsbrei verteilt.

Was kann mit den Fremdkörpern nun alles passieren? Sie können in der Speiseröhre stecken bleiben, was oft fatale Folgen hat. Sie können die Speiseröhre verletzen, verschließen oder gar für eine dauerhafte Engstelle sorgen. Alle drei Konsequenzen sind für den Hund sehr schlecht. Schafft es der Fremdkörper sogar bis in den Magen, kann er auch dort stecken bleiben und ernsthafte Probleme verursachen.

Schafft er es bis in den Darm, kann er wiederum dort stecken bleiben. Und wenn der Hund nun etwas anderes fressen will, klappt das nicht, denn es geht zwar rein, aber nur bis zum Fremdkörper, der alles staut, denn er verschließt den weiteren Weg. Also kommt die Nahrung wieder oben raus. Der Weg ist versperrt, stattdessen **übergibt** der Hund **sich**, weil das Fressen wieder zurückkommt, außerdem kann er **Bauchweh** haben, denn nichts ist mehr, wie es sein soll. Fieber wird der Hund nicht haben, aber eventuell ist er ganz schlapp, und schlimmstenfalls erbricht er sogar sein getrunkenes Wasser. Koten muss er auch nicht, denn es ist ja nichts im Dickdarm angekommen, was rauswollte.

Ahnst du also, dass dein Hund etwas Falsches gefressen hat, und er übergibt sich, geh sofort zum Tierarzt! Dieser wird ein Röntgenbild und/oder einen Ultraschall machen und sieht dort, was drin ist im Hund. Ist es im Magen, kann es mit viel Glück endoskopisch entfernt werden. Ist es bereits im Darm, muss der Hund operiert, der Fremdkörper über einen Bauchschnitt herausgeholt werden.

In seltenen Fällen sprechen alle Symptome für das Verschlucken eines Fremdkörpers, aber man kann einfach nichts sehen. Der Tierarzt entscheidet sich hier für eine OP, findet aber tatsächlich nichts Fremdes im Hund vor. Ein Fremdkörper ist dann nicht die Ursache für das massive Erbrechen des Hundes, es muss also einen anderen Grund geben. Der Tierarzt nimmt dann Proben von den Schichten der Magen-Darm-Wand, um so die Ursache herauszufinden.

Die Medizin ist ein riesiges Feld. Wir können nicht erwarten, dass ein Tierarzt immer alles perfekt herausfinden und heilen kann. Dafür sind Körper einfach zu komplex, und die medizinische Wissenschaft ist auch noch lange nicht so weit, dass sie alles wissen und behandeln kann.

Ich persönlich bin sehr dankbar für die Medizin und erwarte keine Perfektion. Ich weiß, dass meine Tierärztin immer nach bestem Wissen und aus ganzem Herzen im Sinne der Gesundheit des Tieres handelt.

Vergiftung durch Rattengift

Eine Vergiftung des Hundes mit Rattengift ist eine der häufigsten Vergiftungen der Hunde überhaupt.

Ratten sind sehr kluge Tiere. Wenn eine Ratte Gift frisst und die anderen kriegen das mit, dann machen sie denselben Fehler nicht auch noch, fressen also selbst nicht mehr von dem Gift. So wird man die Ratten also nicht los. Aus diesem Grund wirkt Rattengift nicht akut, sondern über Wochen. So bleibt die Todesursache der Ratte unbekannt, keine Ratte kann Rückschlüsse ziehen, und dadurch fressen auch die anderen Ratten das Gift.

Für den Fall, dass man Ratten loswerden möchte, ein geniales Zeug, aber wenn es ein Hund ungesehen frisst, fatal, denn auch wir Menschen finden oft den Zusammenhang zwischen den Symptomen und der Ursache nicht und somit kann der Tierarzt nicht helfen. Denn was der Hund vor Wochen ungesehen gefressen hat, kann nun niemand mehr nachvollziehen.

Wenn du akut mitbekommst, dass dein Hund Rattengift frisst, schnapp ihn dir und düse sofort zum Tierarzt. Dieser kann (wie bei Mable mit dem Kondom) dem Hund ein Brechmittel geben, dann kommt es gar nicht erst zu den Einblutungen.

Symptome

Das Gift lässt sich Zeit, es wirkt über vier bis sechs Wochen. Die ersten **Symptome beginnen meist erst nach ein bis zwei Wochen**. Und zwar in Form von **Blutungen, die man nicht mal sieht**. Denn oft gibt es die ersten Blutungen in den Brustkorb und in den Bauchraum. Rattengift ist ein Gerinnungshemmer des Blutes, das heißt, dass das Blut nicht mehr gerinnt, also flüssig bleibt, und zwar so flüssig, dass es überall hinfließt. Das schafft das Gift, weil es dem Körper Vitamin K entzieht. Vitamin K ist ein sehr wichtiger Stoff für die Blutgerinnung, und dieser fehlt nun zunehmend.

Der Hund wird **müde und lustlos bis hin zu apathisch.** Die **Schleimhäute werden blass** und schließlich werden **blaue Flecken und Einblutungen in die Haut** sichtbar.

Am stärksten gefährdet sind Hofhunde. Sie laufen unbeobachtet auf dem Hof (und vielleicht auch mal auf dem Nachbarhof) herum, und wenn dort Rattengift ausliegt, sind sie natürlich viel gefährdeter, davon zu fressen, als Familienhunde, die mit im Haus leben.

Was kann der Tierarzt tun?

Er untersucht das Blut und bestimmt die Gerinnungswerte, und wenn die nicht gut sind, bekommt der Hund **Vitamin K**. Das Vitamin K muss über viele Wochen gegeben werden, aber welch kleines Opfer für die Rettung seines Vierbeiners!

Kommt der Hund früh genug in die Praxis, ist die Prognose noch gut. »Rattengift« kling schrecklich, und das Erscheinungsbild von Hunden, die es gefressen haben, ist dramatisch, aber wenn es früh genug erkannt wird, haben die Hunde eine echte Chance, wieder gesund zu werden.

Wenn die Vergiftung erst sehr spät erkannt wird, kann der Hund noch eine rettende Bluttransfusion bekommen. Das ist allerdings selten nötig, da die Symptome oft so stark und deutlich sind, dass man früh genug zum Tierarzt fährt.

Ein Fallbeispiel aus Stefanie Kruppkes Tierarztpraxis:
Elsbeth, Labrador, 1,5 Jahre alt

Elsbeth kommt mit ihren Menschen wegen Husten in meine ganz normale Sprechstunde. Ich frage nach weiteren Auffälligkeiten, die Menschen verneinen. »Nö, Elsbeth hustet nur irgendwie ständig, und wir fragen uns, ob das wohl Zwingerhusten ist. Sie ist auch müder als sonst. Wir wohnen auf einem großen Hof, da läuft sie frei herum. Aber heute will sie das schon den ganzen Tag gar nicht.«
Bei ihren Besitzern läuft Elsbeth frei auf dem Hof herum – da gehen bei mir einige Warnblinklichter im Kopf an. »Kann sie eventuell Gift gefressen haben oder etwas Unverträgliches?«, frage ich vorsichtshalber nach, aber das verneinen die Menschen vehement. Dafür fällt ihnen aber ein, dass vor lauter Husten auch schon mal ein Tropfen Blut mit rausgekommen ist aus Elsbeth. Ich möchte gerne zusätzlich zur händischen Untersuchung weitere Diagnostik durchführen,

aber die Menschen lehnen das ab. »Nee, wird schon passen mit dem Husten. Geben Sie uns ein Hustenmittel und dann gucken wir erst mal. Wir können ja wiederkommen, wenn es nicht besser wird.« So ziehen sie von dannen.
Um einige wenige Stunden später wieder da zu sein. Diesmal sind sie nicht mehr so entspannt. Elsbeth hat wieder Blut gehustet und will gar nicht mehr aufstehen, döst nur vor sich hin. Selbst als ihre Spielfreundin vorbeikam, wollte sie nicht mit ihr spielen. Das sei extrem ungewöhnlich. Jetzt stimmen sie einer weiteren Diagnostik zum Glück zu, denn ich entdecke im Röntgenbild Flüssigkeit in der Lunge. Außerdem hustet Elsbeth immer wieder Blut. Nicht gut. Ich nehme Elsbeth außerdem Blut ab und stelle bei der Untersuchung des Blutes bereits einen Blutverlust fest, außerdem eine so verringerte Blutgerinnung, dass sie nicht mehr messbar ist. Damit ist die Diagnose klar: Rattengift!
Elsbeth muss bleiben, damit wir sie beobachten und regelmäßig behandeln können. Sie bekommt Vitamin K. Als ihre Menschen sie nach einigen Tagen abholen, ist das Rätsel auch geklärt. Auf dem Nachbarhof wurde Rattengift ausgelegt. Dahin muss Elsbeth unentdeckt einen Ausflug unternommen haben. Sie bekommt vier weitere Wochen lang Vitamin K, dann zeigt die Nachuntersuchung eine normale Blutgerinnung an. Glück im Unglück gehabt. Alle atmen auf – außer Elsbeth, denn ihre Freigänge sind ab jetzt gestrichen.

Labradore

Parasiten

Hinter dem Wort »Parasiten« stecken windige kleine Tierchen wie Spulwürmer, Giardien, Bandwürmer und weitere fiese allerkleinste Lebewesen, die dem Hund nicht guttun. Er verleibt sie sich zum Beispiel mit ein, wenn er einen »leckeren Katzenstinker« vertilgt, in dem sich auch Würmer tummeln.

Doch Parasiten müssen nicht unbedingt gefressen werden; bei manchen Parasiten, wie zum Beispiel Giardien, reicht es sogar schon aus, wenn dein Hund daran riecht oder aus einem Napf trinkt, an dem vorher ein infizierter Hund war. Denn vielleicht hat der sich vorher am Po geleckt, und nun trinkt er aus dem Wassernapf – und schwupps sind die Giardien vom Po ihres Wirtes in den Napf umgezogen und haben nun weitere Wirte zur Auswahl, denn nun ist der Trinknapf verseucht. Deswegen ist es gut, wenn jedes Mensch-Hund-Team prophylaktisch seinen eigenen Trinknapf dabeihat. So kann nichts passieren, es können keine Parasiten weitergegeben werden.

Würmer

Hat ein Hund Würmer, geht es ihm nach einer Weile nicht mehr so gut. Seine **Verdauung wird schlechter, unbeständiger**: mal ganz weich, dann wieder gut, mal ganz viel, dann wieder normal. Sein **Fell ist struppig** und **er frisst** auch **nicht mehr so gut.** Mal ja, mal nein. Irgendwie scheint es ihm nicht so gut zu gehen. Er **magert ab,** und wenn es dann ganz schlimm wird, **erbricht** er auch.

Das ist alles nicht normal und nicht gut und weist auf Würmer, auf Parasiten im Darm hin. Darmparasiten fressen mit dem Hund mit, das heißt sie entziehen ihm die Nährstoffe. Das ist der Grund dafür, dass sein Fell struppig wird und er abmagert, denn die Nährstoffe haben sich die Würmer einverleibt.

Der umsichtige Hundebesitzer schaut sich den Kot seines Hundes nun verstärkt an – und igitt, sieht tatsächlich Leben im Kot. Sieht er sowas wie kleine Reiskörner, dann könnten es Bandwürmer sein, sieht er eher Spaghetti, dann sind es Spulwürmer. Spätestens jetzt ist der Tierarzt gefragt.

Auch wenn man nichts sieht, geht man trotzdem besser zum Tierarzt, denn dem Hund geht es ja sichtbar nicht wirklich gut – und nicht jeder Wurm ist mit bloßem Auge sichtbar.

Giardien

Giardien zum Beispiel siehst du mit bloßem Auge nicht – es sind Einzeller, Geißeltierchen, die nur ein Mikroskop entdeckt. Sie leben im Dünndarm deines Hundes **und sind ansteckend – auch für Menschen!**

Gerade bei jungen Hunden, die noch nicht über ein ausgereiftes Immunsystem verfügen, lösen Giardien **schleimige** bis sogar manchmal **blutige, übel riechende Durchfälle** aus, die zu Nährstoffmangel führen können. Und das ist im Wachstum doppelt schlecht, deswegen lieber einmal zu viel zum Tierarzt als zu wenig.

Wie stellt der Tierarzt nun eine genaue Diagnose? Er braucht dazu den Kot des Hundes, am besten über drei Tage verteilt gesammelt, denn Würmer werden nicht immer, sondern in Intervallen ausgeschieden. Bei nur einem Sammeltag kann der Parasiten- beziehungsweise Wurmbefall also eventuell unerkannt bleiben, bei drei Tagen bist du auf der sicheren Seite. Werden Parasiten festgestellt, muss die Wurmkur her.

Die Wurmkur

Alle drei Monate wird eine Wurmkur empfohlen, bei Jagdhunden sogar häufiger. Nun gibt es die Menschen, die mit einer regelmäßigen Wurmkur ihres Hundes entspannt sind, und die, die nicht gerade Freunde von »Chemie in den Hund« sind. Zu dieser zweiten Kategorie gehöre ich. Tabletten und Co. sind ein Geschenk, wenn nötig, aber wenn nicht nötig, möchte ich Mable davon verschonen.

Ich schaue mir den Kot von Mable regelmäßig an. Das ist schon mal gut, denn hätte sie einen starken Wurmbefall, würde ich es entdecken. Nun weiß ich aber auch, dass Würmer nicht immer sichtbar sind, und Giardien schon mal gar nicht. Zusätzlich zur Sichtkontrolle sammle ich also alle paar Monate den Kot von Mable ein und lasse ihn bei meiner Tierärztin untersuchen. Und wenn nun Würmer vorhanden sind, dann bekommt sie eine Wurmkur, und wenn nicht, bin ich beruhigt und habe Mable einmal mehr wieder Tabletten erspart.

Aber: Als ich noch Pferde hatte, hatte ich eine Hovawart-Hündin, Candy. Wir waren täglich bei den Pferden und ich habe nicht immer und ununterbrochen auf meinen Hund geschaut. Bei einer Herde von Pferden und täglichen Pferdeapfelpralinen vor der Nase ist die Chance auf Würmer viel größer als bei einer hündischen Mitarbeiterin einer Hundeschule. Hier habe ich nicht nur Kotproben abgegeben, sondern Candy hat auch zusätzlich Wurmkuren bekommen. Und trotzdem hatte sie einmal Würmer, die so munter im Kot ihr Unwesen trieben, dass ich sie dabei beobachten konnte. Trotz Wurmkur und trotz Kotproben. Ist ja auch klar, denn sind die Kotproben heute auch ohne Befund, kann der Hund morgen schon »Apfelpralinen« mit Würmern fressen.

Also halten wir fest: Wie du mit der Entwurmung umgehst, ist deine Sache. Du musst dich wohlfühlen damit. Aber bitte handle umsichtig und kümmere dich um dieses Thema. Verlass dich nicht nur auf deinen eigenen Sichtbefund, das ist wichtig. Also entweder regelmäßige Wurmkuren oder regelmäßige Kotproben und gegebenenfalls dann nach Befund Wurmkuren.

Gut zu wissen: Können auch Menschen Würmer kriegen?

Können Würmer auch auf Menschen übergehen? Ja! Deswegen ist es so eine Sache mit dem Hundeküssen. Wenn dein Hund dir die »Schnauze« leckt, ist es eine freundliche, beschwichtigende Geste, und das ist superschön, zeigt es ja seine Zuneigung. Aber wenn er sich vorher den »Pöppes« geleckt hat und dann auch noch bisher unentdeckte Giardien hat, dann hast du sie vielleicht danach auch, und das ist Mist. Immer, aber vor allem wenn kleine Kinder im Haus sind, sollten Hunde wurmfrei sein und die Prophylaxe regelmäßig, denn das Immunsystem kleiner Kinder ist noch im Aufbau und man möchte sein Kind sicher nicht einfach aus Unbedarftheit heraus krank werden lassen. Hygiene ist bei aller Liebe auch wirklich wichtig, denn auch dir oder deinen Lieben entziehen die Würmer die Nährstoffe und machen euch krank.

Futtermittelunverträglichkeiten

Beim Thema Magen-Darm-Trakt darf natürlich die Futtermittelunverträglichkeit nicht fehlen.

Meine Goldie-Dame Mable ist hiervon auch betroffen. Sie war immer wieder geplagt von Ohrentzündungen, und meine Tierärztin vermutete eine Unverträglichkeit. Wir probierten aus, an welchem Lebensmittel es liegen könnte, gaben Allergiefutter, dann fanden wir die Lösung: Sie heißt Kaninchen und Pute. Mable bekommt nun ein Trockenfutter, das als einzige Eiweißquelle Kaninchen enthält, und kommt damit super zurecht. Ich schaue mir die Ohren regelmäßig an, halte sie sauber und lasse auch meine Tierärztin bei jeder Gelegenheit reinschauen. Aber zum Glück ist es nun seit Jahren gut. Darüber bin ich sehr froh, denn die Entzündungen taten Mable oft richtig weh, und mein Frauchenherz hat immer ganz arg mitgeblutet.

So geht es dir bestimmt auch, oder? Wenn es deinem Hund nicht gut geht, leidest du mit, und sowieso möchtest du ihm nur das Beste zukommen lassen. Und da wir Menschen sind, denken wir auch wie Menschen. Und wenn uns Menschen Gluten und zu viel Getreide nicht guttun, dann muss es bei unseren Hunden doch auch so sein, oder? Zumindest lassen uns das die Futtermittelhersteller glauben, denn sie propagieren glutenfreies Futter.

Die Top drei der Unverträglichkeiten sind aber keinesfalls irgendwelche Getreidesorten, sondern Rind, Huhn und Schwein. Danach kommen Milchprodukte, und erst dann kommt das Getreide.

Gut zu wissen:
Top drei der Futterunverträglichkeiten beim Hund

1. Rind
2. Huhn
3. Schwein

Sich Sorgen zu machen, wenn im Futter Getreide ist, ist also im Normalfall nicht nötig. Getreide zu füttern oder dem Hund auch mal hartes Brot als Knabberei zu geben, ist völlig in Ordnung.

Symptome

Wenn dein Hund nun tatsächlich eine Futtermittelunverträglichkeit hat, dann merkst du es zum Beispiel daran, dass er immer wieder **Durchfall** hat. Außerdem pupsen die Hunde dann manchmal auch recht viel und genauso gut kann es sein, dass sie sehr oft koten: Zehnmal am Tag ist durchaus möglich. Das alles kann wechselweise auftreten. Wir kennen das von uns selbst: Durchfall geht auch gerne mit **Bauchweh** einher, das hat dein Hund also wahrscheinlich auch immer mal wieder. Und was Mensch und Hund bei Bauchweh sicher nicht haben, ist Appetit. Dein Hund frisst also schlecht. Auch die Haut kann mit **Juckreiz** betroffen sein oder es kommt – wie bei Mable – immer wieder zu **Ohrentzündungen**. Und das alles ist nicht akut, sondern chronisch. Ist ja auch logisch, denn immer wieder führt der Hund sich etwas zu, womit sein Körper nicht zurechtkommt.

Detektivarbeit

Wie kann man nun genau herausfinden, ob ein Hund eine Lebensmittelunverträglichkeit hat?

Tja, hier sind nun Geduld und Konsequenz gefragt. Es gibt zwar verschiedene Tests wie zum Beispiel Bluttests, Haaranalysen und Kotprobenuntersuchungen, aber leider ist ihre Aussagekraft nicht so hoch, dass man nachher wirklich weiß, was sein Hund nicht verträgt.

Das aussagekräftigste von allem ist die **Ausschlussdiät**: Diese ist langwierig und aufwendig, denn über Monate muss jedes infrage kommende Lebensmittel über sechs bis acht Wochen gegeben werden. Bei der Ausschlussdiät füttert man über mindestens sechs Wochen eine Eiweißquelle und eine Kohlenhydratquelle, die der Hund noch nicht kennt. Entweder als Futter oder man kocht für seinen Hund. Dann guckt man, was passiert. Reagiert der Hund oder nicht? Wird es nicht besser mit den Symptomen, darf der Hund auf keinen Fall mehr diese Lebensmittel bekommen, sondern jetzt nur noch ein anderes, und auch das wieder über vier bis sechs Wochen. Wird es jetzt besser? Die Symptome verschwinden, deinem Hund geht es gut. Dann verträgt er diese zwei Lebensmittelquellen. Möchtest du ihm mehr geben als nur diese zwei, dann geht das Spiel mit den nächsten Lebensmitteln weiter. Aber immer nur diese beiden Lebensmittel, alles andere ist »ausgeschlossen« wie der Name schon sagt – eine Ausschlussdiät. Auch Leckerchen kannst du dann auf diese Weise testen. Deinem Hund geht es gut mit seinem Futter, jetzt gibst du das eine Leckerchen, und wenn dein Hund symptomfrei bleibt, verträgt er es.

Virusinfektion: Parvovirose

Bei einem akuten Infekt geht es dem Hund richtig schlecht, und schuld daran sind Bakterien oder Viren. Eines der bekanntesten Viren ist das Parvovirus. Dieses findet man oft bei importierten Welpen, die in unzureichend hygienischen Verhältnissen aufwachsen. Hat ein Welpe sich den eingefangen, hat er **massiven Durchfall**, hinzu kommt **Erbrechen, Fieber** und das Immunsystem des kleinen Winzlings ist so stark betroffen, dass es **keine Abwehrzellen** mehr bilden kann. Der Welpe verliert also alle seine Abwehrzellen, außerdem über den Durchfall seine Nährstoffe, die Durchfälle werden blutig, und der Zustand des Hundes **lebensbedrohlich. Hoffentlich kann der Tierarzt hier noch helfen.**

Ich kann mich an einen Fall erinnern, bei dem ein Welpe verstorben ist. Der Besitzer wollte etwas Gutes tun und hat den Welpen aus dem Ausland aus schrecklichen Zuständen gerettet. Aber der Welpe war zu krank und ist trotz intensiver tierärztlicher Betreuung verstorben. Für den Besitzer großes Leid, für den Verkäufer im Ausland ein guter Umsatz. Und so hart es klingt, dieser Tierschutz ist kein Tierschutz, sondern fördert das Leid der Tiere, denn man unterstützt den Verkäufer in seinem Tun, Hunde unter qualvollen Umständen zu produzieren, weil es sich ja lohnt.

Auch in Deutschland werden Hunde als Produziermaschinen unter schlimmsten Bedingungen gehalten und die Welpen preiswert verkauft. Deswegen ist es so wichtig, genau hinzuschauen, woher man sich seinen Hund holt. Und wenn es die falschen »Züchter« waren, war der eine Hund zwar preiswert, aber die Arztkosten gehen danach dafür dann ins Unermessliche.

Akute Magen-Darm-Infekte können durch eine gute Hygiene geringgehalten werden. Wenn sie trotzdem entstehen, fahre mit deinem Hund zum Tierarzt, denn dann geht es deinem Hund wirklich schlecht. Der Tierarzt gibt deinem Hund Medikamente, die ihm schnell helfen und wahrscheinlich auch eine Infusion, damit er nicht austrocknet, denn das ist eine große Gefahr.

Magendrehung

Eine Magendrehung ist ein Notfall! Hier ist schnelles Handeln gefordert.

Hunde als Vierfüßler haben eine »Magenaufhängung«, welche eine Magendrehung begünstigt. Aber warum passiert es manchen Hunden niemals in ihrem Leben und andere wiederum sterben daran?

Niemand hat bisher herausgefunden, wodurch eine Magendrehung entsteht. Man dachte mal, nur große Hunde seien davon betroffen, besonders die Doggen, die großen Sennenhunde und Schäferhunde. Sie sind in der Tat häufiger betroffen, aber auch kleine Hunde können eine Magendrehung bekommen. Man dachte außerdem, dass es vor allem beim Toben nach dem Fressen und beim Über-den-Rücken-Drehen zu einer Magendrehung kommt. Nichts davon ist bewiesen. Die Ursachen sind einfach noch nicht wirklich gesichert, bisher gibt es noch keine eindeutigen Ergebnisse.

Das Einzige, was ein häufiges Phänomen ist, ist, dass es oft nachts passiert. Das wiederum spricht dafür, den Hund nachts bei sich zu haben. Denn stell dir einmal den Extremfall vor, dass du deinen Hund draußen im Zwinger hältst. Und nun bekommt er an einem Samstag um ein Uhr nachts eine Magendrehung. Sonntags schläfst du gerne aus. So gehst du erst gegen zehn Uhr morgens zu deinem Hund .... fatal! Denn nun hat der Magen bereits angefangen abzusterben.

Symptome

Die Symptome bei einer Magendrehung sind im Gegensatz zu den Ursachen sehr **klar und eindeutig**: Der Hund **möchte erbrechen, aber es klappt nicht.** Es kommt nichts raus. Er würgt und pumpt und leidet, aber nichts passiert. Außerdem »gast« der Hund auf, das bedeutet, dass er einen ganz **aufgeblähten Bauch** bekommt. **Kreislaufversagen** kommt hinzu, deinem Hund geht es richtig schlecht.

Wenn du diese Symptome bei deinem Hund miterlebst, warte nicht, sondern düse sofort zum Tierarzt beziehungsweise in die Klinik, denn ist es wirklich eine Magendrehung, muss dein Hund dringend tierärztlich versorgt werden.

Der Tierarzt röntgt deinen Hund, und wenn sich der Verdacht bestätigt, wird operiert. Der Hund bekommt eine Infusion, damit der Kreislauf stabil bleibt, denn bei der Magendrehung werden auch viele Gefäße gequetscht, der Blutkreislauf gestört. Und wenn dieser gestört ist, geht die Störung weiter durchs ganze System und betrifft auch das Herz. Das wiederum kann zu Arrhythmien des Herzens führen, und deswegen sollte ein Hund nach der OP noch unter Beobachtung bleiben. Manchmal ist die Milz mitbetroffen und so stark unterversorgt, dass sie entfernt wird.

Eine Magendrehung ist extrem heftig, weil ein Organ komplett ausgeschaltet wird. Komplett. Das bedeutet, dass das ganze System, das Zusammenspiel des Körpers, völlig aus den Fugen geraten, kollabiert ist. Hinzu kommt bei einer nicht rechtzeitigen OP, dass der Magen letztendlich abstirbt. Und dann passiert das Schlimmste, der Hund muss eingeschläfert werden.

Was passiert bei der OP?

Der Magen wird zurückgedreht, geleert und an der Bauchwand **fixiert**. Somit ist der Magen dann vor weiteren Drehungen gesichert.

Tierärzte bieten Besitzern großer Hunderassen diese Fixation gerne auch dann an, wenn der Hund aus anderen Gründen operiert wird. Wird eine Doggenhündin zum Beispiel kastriert, ist der Bauchraum sowieso geöffnet, und so kann der Magen direkt mit fixiert werden. Eine Prophylaxe zur Magendrehung, die Mensch und Hund gegebenenfalls viel Leid ersparen kann.

Auch wenn man inzwischen nicht mehr sicher ist, dass Toben nach dem Fressen eine Ursache für eine Magendrehung ist, gehst du auf Nummer sicher, wenn du es bei deinem Hund so hältst wie bei dir auch: Wenn du ein leckeres Essen zu dir genommen hast und nun richtig schön voll und satt bist, dann würdest du nicht joggen gehen oder ähnlich wilde sportliche Dinge tun, oder? Aber ein gemütlicher Verdauungsspaziergang würde dir vielleicht sogar guttun, auf jeden Fall »nicht schaden«, wie man so schön sagt, oder? So kannst du es auch bei deinem Hund handhaben, dann bist du auf der sicheren Seite.

Verstopfte Analdrüsen

Fast ganz am Ende des Hundes befindet sich der sogenannte Enddarm. Dort finden sich auch die Analdrüsen: Sie sitzen links und rechts vom After (auf 5 Uhr und 7 Uhr sozusagen, wenn du auf den After schaust) und enthalten ein für uns echt stinkiges Sekret, das Hunde zum Markieren nutzen.

Analdrüsensekret riecht so intensiv, dass »I was here« nicht zu überriechen ist.

Bei den meisten Hunden kommt es einfach mit raus, wenn der Hund festen Kot absetzt, und betont seine Anwesenheit. Manche Hunde allerdings haben damit Probleme, das Sekret kommt einfach nicht mit raus, die Drüsen sind immer mal wieder verstopft.

Verstopfung ist zwar unangenehm für den Hund, aber richtig schlimm wird es, wenn es dort zu **Entzündungen** und sogar zu einem **Abszess** kommt.

Symptome

Wenn die Analdrüsen eines Hundes verstopft sind, rutscht er mit seinem Hinterteil über den Boden, das sogenannte und bestimmt bekannte **»Schlittenfahren«**. Außerdem wird er sich

häufiger am Po lecken, denn er möchte dieses unangenehme Jucken loswerden. Und oft riecht man es auch, der Hund riecht »nach Analdrüsen«. Wer diesen Geruch einmal kennengelernt hat, wird ihn nie wieder vergessen. Ein echt heftiger, sehr spezieller Duft.

Was hilft deinem Hund? **Am besten gehst du mit deinem ständig »Schlitten fahrenden« Hund zum Tierarzt.** Stellt dieser tatsächlich verstopfte Analdrüsen fest, wird er diese ausdrücken, und die Sache ist erledigt.

Hat dein Hund ständig dieses Problem, du bist gewillt und geschickt und dein Hund lässt es zu, kann der Tierarzt dir beibringen, wie du sie selbst ausdrücken kannst.

Sind sie aber entzündet oder es ist gar ein Abszess entstanden, müssen sie gespült und gesäubert, eventuell antibiotisch versorgt werden und können so von innen wieder heilen.

Wenn die Drüsen ständig verstopft oder entzündet sind, ist eine OP auch eine gute Möglichkeit, der Quälerei ein Ende zu bereiten. Sie werden entfernt und können den Hund nie wieder ärgern.

Nervöser Magen

Da es sich hier nicht wirklich um eine Krankheit des Magen-Darm-Traktes handelt, aber dennoch gravierende Auswirkungen auf die Gesundheit eines Hundes haben kann, schildere ich dieses Phänomen und seine Lösung am Ende dieses Kapitels noch an einem Beispiel aus der Praxis meiner Tierärztin Stefanie:

Ein Fallbeispiel aus Stefanie Kruppkes Tierarztpraxis:
Sorge um Joshi, Deutscher Pinscher, zwei Jahre alt

Joshi war sechs Monate alt, als seinem Frauchen auffiel, dass er wirklich sehr oft koten musste, und das auch noch oft so dünn. Sie veränderte sein Trockenfutter, gab eine andere Marke, aber das half leider nichts. Daraufhin kochte sie selbst für ihn. Vorübergehend musste Joshi weniger oft, aber es blieb dünn, und es dauerte auch nicht lange, da musste er wieder mindestens fünfmal täglich, und wieder wurde es im Laufe des Tages dünner und dünner. An manchen Abenden hatte Joshi richtig Durchfall.

Frauchen fing an, sich wirklich Sorgen zu machen, und holte verschiedene Pulver aus verschiedenen Futterläden. Aber nichts half wirklich. So entschied sie sich dazu, mit Joshi zu einem Tierarzt zu gehen.

Joshi war inzwischen gute 1,5 Jahre alt, als Steffi ihn kennenlernte. Steffi untersuchte ihn ausführlich, aber die Ergebnisse waren alle unauffällig. Das war gut und auch wieder nicht gut, denn wenn man nicht weiß, was jemand hat, was behandelt man dann? Statt Joshi weiteren Untersuchungen zu unterziehen, holte sie mich ins Boot, denn sie empfand Joshi als sehr unruhig, und was sein Frauchen ihr so von sich und Joshi erzählte, verstärkte ihren Verdacht, dass er nämlich kein körperlich gesundheitliches Problem hat, sondern extremen Stress.
Joshis Frauchen rief mich an und ich machte mit ihr einen Hausbesuch aus. Als Erstes begrüßte mich Joshi. Er sprang wie ein Flummi wieder und wieder an mir hoch, und es dauerte mehrere Minuten, bis er sich einigermaßen beruhigte. »Der freut sich immer so über Besuch«, bemerkte sein Frauchen. Sie machte uns einen Kaffee, Joshi folgte ihr, und auch die restliche Zeit meines Besuches änderte sich das nicht. Wo Frauchen auch hinging, Joshi kam mit. Er lag nicht ein einziges Mal auf seiner hübschen Decke, dazu war er viel zu aufgeregt. Auch als wir einmal um den Block spazierten, zog Joshi an der Leine und wenn uns ein anderer Hund entgegenkam, sprang er nach vorne in die Leine rein. »Er möchte jedem Hund hallo sagen«, stellte sein Frauchen fest.

Ich klärte Frauchen auf, denn sie hatte die Sprache ihres Hundes völlig missverstanden.

Joshi freute sich nicht über mich, sondern maßregelte mich direkt zur Begrüßung, um klarzustellen, dass ich nur geduldeter Gast sei. Er kontrollierte Frauchen auf Schritt und Tritt und draußen sagte er jedem: »Geh ja nicht an mein Frauchen dran. Das ist meine!« Sie war sein Besitz, und auf dieses Heiligtum musste er unbedingt wie verrückt aufpassen.

Nach der Ruhe der Nacht war sein Kot noch fest, er selbst war noch einigermaßen entspannt. Dann aber fing seine Misere an. Die erste Hunderunde war kein Spaß für ihn, sondern bestand aus lauter potenziellen Konkurrenten. So musste er Augen und Ohren überall haben und aufpassen, dass niemand seinem Frauchen zu nah kam. Wieder zu Hause war er schon erschöpft, aber nun bewegte Frauchen sich im Hause, er musste also stets hinterher, statt schlafen zu können.
Joshi lernte bei mir das Signal »Decke« und auch, dass er ruhig darauf liegen bleiben kann, wenn Frauchen weggeht. Er lernte, dass der Besuch ihn nichts angeht und er sich auch hier nicht einmischen muss, Frauchen macht das schon. Und draußen bekam er verschiedenste Aufgaben, wie zum Beispiel sein Futter über einen Futterbeutel apportierend zu erarbeiten, sodass er zum einen gar

keine Zeit mehr hatte, sich um seinen »Besitz« zu sorgen und zum anderen etwas hatte, was ihn nicht stresste, sondern Spaß machte und Sinn ergab.
Wir trainierten circa sechs Monate miteinander. Stück für Stück lernte Joshi, sich zu entspannen und zu vertrauen. Seine Kot-Frequenz wurde deutlich weniger, dessen Konsistenz fester. Und ein sehr schöner Nebeneffekt war, dass Joshi mit anderen Hunden spielte.
Bei den Pinschern habe ich diese Problematik schon häufiger erlebt. Ihre Achillesferse ist bei Stress der Magen. Deswegen ist es wichtig, dass sie von Anfang an »Ruhe« lernen.

Pinscher

Gut zu wissen: Wenn Hunde Gras fressen …

Übrigens kann Gras fressen auch ein Zeichen von Stress sein. Gras fressen ist ein häufiges Gesprächsthema unter Hundebesitzern, denn viele Hunde fressen Gras. Manchen Hunden schmeckt es einfach, andere fressen es vor allem bei Bauchweh oder Übelkeit und manche erbrechen das grüne Gemisch dann nachher wieder. Mable frisst auch ab und an Gras und mit ein bisschen Pech darf ich ihr dann später helfen – wenn nämlich ein Grashalm beim Koten noch aus dem Po guckt und sie ihn nicht rausdrücken kann. Dann muss Frauchen ziehen. Gut, dass ich immer Kotbeutel dabeihabe.

Warum Hunde Gras fressen, weiß bisher niemand so recht, aber eins ist sicher: dass Gras von gedüngten oder gespritzten Feldern ungesund ist, denn jeglicher Dreck, Abgase, Düngemittel und Co. machen nicht genau an der Grasnarbe halt. Achte also bitte darauf, dass dein Hund nur dort Gras frisst, wo es gesundheitlich unbedenklich möglich ist.

Auf zum Tierarzt!

Wann du deinen Hund unbedingt zum Tierarzt bringen musst:

- Erbrechen
- blutiger Durchfall
- Bauchschmerzen
- aufgeblähter Bauch

Die Niere

Natürlich hat auch der Hund zwei Nieren, und wenn man von oben auf seinen stehenden Hund guckt, dann befindet sich eine auf der linken Seite der Wirbelsäule und eine, ein Stück weiter vorne, auf der rechten Seite. Es gibt zwei, aber da sie zusammengehören, benenne ich sie als eins, die Niere.

Allgemeine Infos zur Hundeniere

Die Niere ist ein sehr komplexes Organ. Sie ist neben der Leber ein weiteres Entgiftungsorgan. Sie behält aus dem Blut die wichtigen Stoffe zurück wie zum Beispiel Wasser, Zucker und Eiweiße, und was der Hund nicht benötigt, wird über den Urin ausgeschieden.

Stell dir zur Veranschaulichung der Niere ein Fließband vor: Die erste Station ist eine **Eiweiß-Station**, hier werden also die notwendigen Eiweiße aus dem Blut herausgefiltert und im Körper behalten, dann geht das Fließband weiter.

Gut zu wissen: Eiweiß im Urin

Arbeitet die Eiweiß-Station nicht richtig, macht sich das im Urin bemerkbar. Kann die Niere zum Beispiel die Eiweiße nicht richtig aufnehmen, weil es an der Eiweiß-Station eine Schädigung gibt, werden die Eiweiße eben nicht ausreichend einbehalten, sondern mit dem Urin ausgeschieden.

Im Urin sollten jedoch nur in Ausnahmefällen Eiweiße enthalten sein. Findet der Tierarzt in der Urinprobe des Hundes Eiweiße, weiß er also, dass hier etwas nicht stimmt. Bekommt der Hund sehr eiweißhaltiges Futter, dann können Eiweiße auch deshalb in geringen Mengen im Urin enthalten sein. Ebenfalls nach körperlicher Anstrengung oder Fieber.

Eine Nierenschädigung an der Station »Eiweiße« kann auch dadurch auffallen, dass der Hund abmagert. Eiweiße sind für die Muskeln zuständig. (Deswegen die Eiweiß-Shakes in den Fitness-Studios!) Hat ein Körper nicht genug davon, kann er keine Muskeln aufbauen.

Die zweite Station ist die **Wasser-Station**, hier wird Flüssigkeit zurückbehalten, denn der Körper braucht ganz viel Flüssigkeit zum Arbeiten und Überleben.

Die dritte Station ist für die **Salze** zuständig, und dann folgt wieder eine **Wasser-Station**. (Da Flüssigkeit so elementar ist, gibt es gleich mehrere Stationen dafür, aber für die anderen Bestandteile gibt es jeweils nur eine Station.)

Gut zu wissen:
Wenn dein Hund zu viel pinkelt

Flüssigkeit ist ein überlebenswichtiger Bestandteil unser aller Körper. Hat die Niere an Wasser-Stationen Defekte, kann sie die Flüssigkeit nicht halten. Wenn dein Hund deutlich mehr als gewöhnlich pinkelt und gleichzeitig auch viel mehr trinkt, weil sein Körper ja Wasser braucht, welches er nun nicht mehr zur Genüge hat, und dann natürlich wieder viel pinkelt, kann es sich um einen Defekt an einer »Wasser-Station« handeln.

Krankheiten und Auffälligkeiten der Hundeniere

Wie kann es nun zu Schäden der Niere kommen? Eine Möglichkeit ist eine erhöhte Aufnahme von Giftstoffen, welche die Niere extrem belasten oder bakterielle Infektionen wie zum Beispiel die Leptospirose.

Auch degenerative Umbauprozesse können Ursache von Auffälligkeiten der Niere sein und die Funktionsfähigkeit der Niere beeinträchtigen. Zellen, Gewebe, Blut – alles unterliegt einem ständigen Prozess des Auf- und Abbaus. So auch bei der Niere. Diese Umbauprozesse dienen dem Erhalt des Körpers, seiner Gesundheit.

Manchmal jedoch funktionieren die Prozesse nicht richtig. Dann entsteht beim Umbau kein gesundes Gewebe, sondern minderwertiges. Auch bei der Niere ist das so, dann spricht man von degenerativen Umbauprozessen, und wie dir sicher schon klar ist, kann die Niere dann schlechter arbeiten und wird krank. Wie es dazu kommt, ist nicht immer nachvollziehbar. Klar, das Alter des Hundes spielt eine Rolle, aber auch jüngere Hunde können davon betroffen sein. Und die große Krux an der Sache ist, dass es meist erst dann auffällt, wenn nur noch circa 20 bis 30 Prozent der Niere funktionieren.

Schauen wir uns nun noch ein paar häufige Nierenerkrankungen genauer an.

Leptospirose

Gegen die Leptospirose kann man seinen Hund **impfen** lassen. Diese Impfung gehört zu den Core-Impfungen.

Die Bakterien nennen sich Leptospiren und leben gerne in stehenden Gewässern. Dazu zählen Seen, aber auch abgestandene Pfützen, die es gerade im Frühling und im Herbst überall gibt. Im Sommer sind die Regenpfützen schnell weggetrocknet, aber in den feuchteren Jahreszeiten Frühling und Herbst stehen sie länger, und so können sich die Leptospiren hier in aller Ruhe breitmachen.

Hieraus sollten Hunde vorsichtshalber nicht trinken. Im Sommer wiederum kühlen sich die Hunde gerne in Seen ab, und auch das Apportieren aus dem Wasser macht Mensch und Hund oft riesigen Spaß. Der See als stehendes Gewässer ist also wiederum im Sommer vor allem gefährdender Schauplatz.

Leptospiren schädigen in erster Linie die Nieren, außerdem Leber und Lunge, können sich aber auch im ganzen Körper ausbreiten und lebensbedrohliche Schäden anrichten. Im schlimmsten Fall kommt es zum kompletten **akuten Nierenversagen** und der Hund stirbt. Deswegen solltest du deinen Hund so gut wie möglich dagegen schützen, und das schaffst du mit einer Impfung.

Golden Retriever in einer Pfütze

Symptome

Manchmal wird eine Leptospirose nur durch einen bloßen Zufall entdeckt, dann zeigt sie kaum Symptome. Manchmal gibt es aber auch schwere Verläufe, dann ist dein Hund matt und abgeschlagen, will nicht fressen, hat Fieber und kann sogar auch erbrechen und Durchfall haben. Wenn die Leber mitbetroffen ist, kommt es zur Gelbfärbung der Schleimhäute, und dein Hund trinkt und pinkelt viel, weil ja die Nieren betroffen sind. Dass er so viel pinkelt, ist übrigens doppelt schlimm. Zum einen für den betroffenen Hund selbst, weil es ihm ja nicht gut geht, aber auch für andere Hunde, denn über den Urin wird die Leptospirose weiter übertragen.

Nicht nur Hunde können an Leptospirose erkranken, sondern **auch Menschen können betroffen sein**, und das ist überhaupt nicht lustig. Hat ein infizierter Hund sich im Genitalbereich geleckt und leckt danach an einem Menschen, kann er die Leptospirose dadurch auf diesen übertragen. Die Bakterien bleiben nicht brav nur an der Niere und schädigen diese, sondern sie wandern durch den ganzen Körper und können überall existenzielle Schäden anrichten.

Ist ein Hund von der Leptospirose betroffen, bekommt er eine Kombination aus verschiedenen Antibiosen und gegebenenfalls zusätzlich noch Infusionen.

Chronische Niereninsuffizienz

Bei der chronischen Niereninsuffizienz gehen Alterungsprozesse im Körper vor sich, und die sorgen dafür, dass die Niere nicht mehr hundertprozentig arbeitet.

Eine Niereninsuffizienz zeigt sich durch **verstärktes Trinken und ebenso verstärktes Pullern**. Außerdem **verliert der Hund an Gewicht**, denn auch die Eiweiße werden ja von den Nieren aufgenommen, und das kann die Niere nun nicht mehr ausreichend. Und wie wir ja schon festgestellt haben – kein Eiweiß, keine Muskeln. Auch übel kann dem Hund ab und an sein, denn die Entgiftung funktioniert ja nicht mehr richtig, und so sammeln sich Stoffe im Körper an, die unter anderem für **Übelkeit** sorgen. Dementsprechend hat der Hund keine Freude mehr am Fressen und frisst schlecht und das sorgt natürlich für weiteren Gewichtsverlust.

Bei all diesen Symptomen ist die Niereninsuffizienz schon fortgeschritten, die Symptome sind nicht mehr zu übersehen. Anfangen tut das Ganze aber oft nicht so deutlich, und trotzdem ist die Insuffizienz schon da. Um sicherzugehen, dass es seinem Hund auch im Alter noch gut geht und er gesund ist, ist also ein regelmäßiger Check beim Tierarzt einmal pro Jahr grundsätzlich sinnvoll. Hier wird der Hund nicht nur auf eventuell Nierenprobleme, sondern ganzheitlich durchgecheckt, zum Beispiel Urin und Blut werden abgenommen, denn hier zeigen sich schon viel früher Erkrankungen, bevor sie nach außen hin so deutlich auffallen.

Wie kann man dem Hund bei eingeschränkter Nierenfunktion helfen?

Zum einen gibt es **Medikamente**, welche die Arbeit der Niere unterstützen. Die sollten dem Hund gegeben werden. Da Medikamente die Niere belasten können, sollte hier die Gabe gut abgewogen und genau angeschaut werden.

Dann sollte der Hundebesitzer auf die **Ernährung** des Hundes achten und ihm keine Nahrungsmittel geben, die der Hund zwar lecker findet, die aber nicht so gut verträglich sind und somit die Niere unnötig zusätzlich belasten. Und sinnvoll ist es auch, das Futter insgesamt auf ein Futter umzustellen, das die Niere wenig belastet, weil es zum Beispiel weniger Eiweiß enthält.

Bei einer akuten Niereninsuffizienz bekommt der Hund eine **Infusion**, sie hilft ihm, die angestauten Giftstoffe auszuschwemmen.

Auf zum Tierarzt!

Wann du deinen Hund unbedingt zum Tierarzt bringen musst:

- übermäßiges Trinken und Urinieren
- Gewichtsverlust, Appetitlosigkeit und eventuell Erbrechen

Die Nebenniere

Die Nebennieren, ebenfalls zwei Stück, sind die direkten Nachbarn der Nieren, wie ihr Name schon sagt. Ich benenne sie der Einfachheit halber wieder im Singular.

Allgemeine Infos zur Nebenniere des Hundes

Die Nebenniere arbeitet in der Abteilung **»Hormonhaushalt«**, sie bildet unter anderem **körpereigenes Cortisol** (Stresshormon) und **Katecholamine**. Dazu gehören das **Adrenalin** und das **Noradrenalin**, aber auch der »Glücklichmacher«, das **Dopamin**.

Diese Hormone wirken anregend und treten zum Beispiel in Aktion, wenn der Hund eine Jagdbeute erspäht und lossaust. Dann sieht und hört er nichts anderes mehr, oftmals dann auch nicht dein Rufen und Winken.

Krankheiten und Auffälligkeiten der Nebenniere des Hundes

Wenn die Nebenniere ihren Job nicht korrekt ausübt, handelt es sich um eine Über- oder Unterfunktion. Die Überfunktion nennt sich **Hyperkortisolismus,** bekannter unter dem Namen **»Cushing-Syndrom«**, die Unterfunktion nennt sich **Addison**. Beide erkläre ich dir nun genauer.

Überfunktion (Cushing-Syndrom)

Das Cushing-Syndrom ist eine häufige Hormonerkrankung beim Hund: Der Hund produziert zu viel Cortisol.

Man erkennt es daran, dass der Hund **viel trinkt und viel uriniert**, wie bei der Niereninsuffizienz auch, aber jetzt hat der Hund außerdem **Hunger** ohne Ende. Dieser ununterbrochene Hunger ist so extrem, dass man hier von einer krankhaften Neigung zum Fressen spricht. Außerdem ist der **Bauch verdickt**, weil die Leber stark vergrößert ist, und die **Haut wird immer trockener und dünner**, sodass die unter der Haut liegenden **Gefäße sichtbar** werden.

Hat der Tierarzt den Verdacht, dass sein Patient an einer Überfunktion der Nebenniere leidet, macht er einen Ultraschall, um zu sehen, ob diese vergrößert ist. Außerdem untersucht er Blut und Urin, und wenn er hier überdurchschnittlich viel Cortisol findet, hat er weitere Bestätigungen für seinen Verdacht. Vor allem kleine Rassen sind vom Cushing betroffen und hier besonders der Dackel.

Es gibt **zwei Formen des Hyperkortisolismus.** Bei beiden Formen ist die Ursache ein **Tumor**. Dieser Tumor bildet zu viele Hormone, was den Körper schädigt. Er streut nicht, aber er sorgt für Prozesse, die den Körper schädigen.

Bei der ersten Form sitzt der Tumor in der **Nebenniere** selbst. Dadurch bildet die Nebenniere zu viel Gewebe, welches dann auch zu viel Cortisol bildet.

Die zweite Form ist häufiger. Hier ist die Nebenniere nur das ausführende Organ, die Ursache selbst, also der Tumor, befindet sich aber im Gehirn, genauer gesagt in der **Hypophyse**. Normalerweise gibt es einen Informationsaustausch zwischen den beiden, die Hypophyse bekommt Meldung über den Cortisolzustand des Körpers und gibt dann den Auftrag an die Nebennieren, Cortisol zu produzieren oder eben nicht. Der Tumor unterbricht diesen Austausch. Er schaltet die Regulationsstation quasi aus und so produziert die Nebenniere immer weiter Cortisol.

In beiden Fällen arbeitet die Nebenniere auf Hochtouren und bildet wie verrückt und viel zu viel Cortisol.

Nun gibt es zwei Möglichkeiten, wie man seinem Hund helfen kann:

Die erste Möglichkeit ist die Gabe von **Medikamenten**, welche die Herstellung des Cortisols bereits unterbrechen. Mit diesen Medikamenten kann der Hund gut leben.

Die zweite Möglichkeit ist eine **Operation**. Wenn die Ursache im Gehirn liegt, wird der Tumor aus dem Gehirn entfernt. Wenn die Ursache in der Nebenniere selbst liegt, wird diese entfernt. Eine Operation des Gehirns ist schwierig und leider nicht immer erfolgreich. Die Entfernung der Nebenniere klingt irgendwie einfacher. Ja, ein bisschen ist sie das auch, aber auch diese Operation ist aufwendig und gefährlich.

Unterfunktion (Addison)

Wenn es ein pathologisches Zuviel gibt, gibt es sicher auch ein pathologisches Zuwenig. Genau. Und das nennt sich dann Addison. Addison ist eine Unterfunktion der Nebenniere.

Beim Addison produziert die Nebenniere zu wenig Kortikoide, und das bringt den Wasserhaushalt des Hundes durcheinander. Betroffen sind hier hauptsächlich junge Hunde in einem Alter bis zu circa fünf Jahren.

Wenn ein Hund **immer wieder Magen-Darm-Probleme hat**, die wieder weggehen, aber nie wegbleiben, und der Hund manchmal **schlapp und lustlos** ist, kann das ein Hinweis auf Addison sein. Betroffen sind hiervon vor allem der Pudel, der portugiesische Wasserhund und der Nova Scotia Duck Tolling Retriever.

Der Tierarzt untersucht den Hund, und wenn er Addison feststellt, gibt er **Medikamente**, sprich **Cortisol**. Die Nebenniere produziert zu wenig davon, also muss es von außen zugeführt werden. Und das ein Hundeleben lang.

Manchmal kommt es beim Addison zu **akuten Krisen**. Der Hund ist **ohnmächtig**, in einem **Schockzustand** und der Halter völlig aufgelöst. Wenn der Hund rechtzeitig beim Tierarzt eintrifft, gibt dieser ihm eine Infusion. So kommt der Wasserhaushalt wieder ins Gleichgewicht und dem Hund geht es schnell wieder gut.

Auf zum Tierarzt!

Wann du deinen Hund unbedingt zum Tierarzt bringen musst:

- übermäßiges Trinken und Urinieren
- Gewichtsverlust

Die Bauchspeicheldrüse

In der Medizin wird die Bauspeicheldrüse auch »Pankreas« genannt. Sie liegt zwischen dem Magen, dem ersten Dünndarmabschnitt und der Milz, das ist der vordere Bauchbereich. Sie ist so unauffällig im Bauchraum eingebettet, dass selbst der Tierarzt im Ultraschall sehr genau hinschauen muss, um sie ausfindig zu machen. Aber wie wir wissen, sind stille Wasser ja tief, und so sind die Leistungen, die sie vollbringt, alles andere als unwesentlich.

Allgemeine Infos zur Bauchspeicheldrüse des Hundes

Die Bauchspeicheldrüse hat zwei Aufgabenfelder: Das eine Aufgabenfeld betrifft sogenannte **endokrine** Aufgaben, das zweite **exokrine**. »En« klingt als Eselsbrücke ja fast wie »in«, betrifft also das Innere des Körpers, und »ex« klingt wie extern, also außen.

Die endokrinen Aufgaben der Bauchspeicheldrüse betreffen den Zuckerhaushalt, hier kommt also das Insulin ins Spiel. Die exokrinen Aufgaben müssen irgendwas mit »draußen« zu tun haben, es geht also ums »Raus«, genauer um die Oberfläche des Darms (und was im Darm ist, geht ja auch wieder raus): Hier bildet die Bauchspeicheldrüse Verdauungsenzyme, die bei diesem Vorgang helfen. Und das Verdaute nimmt dann den Weg nach draußen.

Die **endokrine Aufgabe** der Bauchspeicheldrüse kann man sich in etwa so vorstellen: Der Hund frisst, nimmt also Futter auf. Er kaut, Speichel wird produziert, und der Körper merkt »da kommt gleich was rein«, und die Bauchspeicheldrüse schüttet **Insulin** aus. Sie ist für die Herstellung und Ausschüttung des Insulins zuständig und reguliert damit den Blutzuckerspiegel.

Das Insulin ist nicht allein für die Regulierung des Blutzuckerspiegels verantwortlich, sondern bekommt dabei Unterstützung vom Glucagon, seinem Gegenspieler. Dieses wird ebenfalls in der Bauchspeicheldrüse produziert, im Gegensatz zum Insulin sorgt es aber für den Anstieg des Blutzuckers.

Gut zu wissen: Wofür der Hund (und wir Menschen) Insulin braucht

Im Futter sind Kohlenhydrate enthalten, also »Zucker«. Die Nahrung, also auch der Zucker, gelangt in den Darm. Dort wird der Zucker ins Blut übergeben, und nun muss er in die Zellen geschleust werden, damit diese ihre Energie bekommen, um ihre jeweiligen Arbeiten verrichten zu können. Und für genau diese **Einschleusung in die Zellen** braucht der Körper das Insulin. Die Zellen haben sozusagen »Türen«, und das Insulin ist genau der Schlüssel, den die Zelle benötigt, um ihre Tür für den Zucker zu öffnen. Die Zellen bekommen mit dem Zucker Energie, um hochmotiviert ihre jeweilige Arbeit verrichten zu können. So passiert es bei einem gesunden Hund.

Die **exokrine Aufgabe** der Bauchspeicheldrüse lässt sich wie folgt beschreiben: Die Drüse produziert einen Verdauungssaft, und den benötigt der Darm dringend für die Verdauung, denn er neutralisiert den aus dem Magen kommenden stark sauren Speisebrei und zersetzt nebenbei auch noch die teilweise großen Nahrungsstücke, die unser Hund mal wieder ohne gut zu kauen runtergeschluckt hat.

Krankheiten und Auffälligkeiten der Bauchspeicheldrüse des Hundes

Auch die Bauchspeicheldrüse bleibt von möglichen Erkrankungen nicht verschont, die berühmteste ist wohl der Diabetes mellitus. Es gibt verschiedene Formen des Diabetes, typischerweise hat der Hund die Form, die bei uns Menschen dem Diabetes Typ 1 entspricht. Davon und von weiteren Erkrankungen berichte ich dir nun.

Diabetes mellitus

Hat ein Hund Diabetes mellitus, dann arbeitet die Bauchspeicheldrüse nicht richtig und **produziert kein Insulin**. Stattdessen zerstört sie ihre eigenen Zellen, und je weniger arbeitsfähige Zellen vorhanden sind, desto schlechter arbeitet sie.

Betroffen sind hiervon bereits junge Hunde, aber auch bei einem Hund mittleren Alters kann Diabetes mellitus noch auftreten.

Beim Diabetes mellitus werden nicht alle Zellen auf einen Schlag zerstört, wie bei einer Explosion, sondern nach und nach. Arbeitet eine gesunde Bauchspeicheldrüse zu 100 Prozent, nimmt dieser Prozentsatz nun immer mehr ab. Die Tür der Zellen beginnt zu klemmen, aber noch geht etwas Insulin rein.

Irgendwann sind nur noch wenige Prozent an arbeitsfähigen Zellen übrig, und dann fällt auf, dass da etwas nicht stimmt. Der Zucker treibt gewissermaßen ziellos im Blut umher und kommt nicht in die Zellen hinein. Er will, aber es gibt kein Durchkommen, denn der Schlüssel zu den Zellen, das »Insulin«, fehlt.

Anfangs ist dann nur im Blut zu viel Zucker, doch irgendwann nimmt der Zucker so überhand, dass er über den Urin ausgeschieden wird und darüber nachweisbar ist. Der Körper will den vielen Zucker unbedingt loswerden und behilft sich über den Urin. Daher kommt auch der Name »mellitus«: »Mellitus« heißt honigsüß, denn der Zucker macht den Urin tatsächlich süß. Früher hat der Arzt den Urin zur Diagnosestellung tatsächlich probiert, und wenn der dann honigsüß schmeckte, war die Ursache eindeutig.

Symptome des Diabetes mellitus

Da Zucker Flüssigkeiten bindet, wird auch ganz viel Flüssigkeit mit ausgepinkelt. Der Körper braucht aber unbedingt viel Flüssigkeit, die nun einfach so unnütz verloren geht. Dadurch hat der Hund ganz **viel Durst**, denn sein Körper sagt ihm die ganze Zeit, dass er Durst hat und trinken soll. Gefühlt trinkt der Hund die Schüssel leer, und kaum ist sie leer, muss er raus zum Pinkeln. Vorne rein und hinten wieder raus. Das Wasser läuft gefühlt einfach durch. Und muss dementsprechend ständig wieder aufgefüllt werden.

Außerdem brauchen Zellen Energie, die sie nun durch den Zuckermangel nicht mehr haben, was eine **extreme Gewichtsabnahme** zur Folge hat, denn auch zum Gewicht halten und Zunehmen benötigt der Körper den Zucker. Der Hund magert also ab, obwohl er ganz normal frisst wie immer. Und das sehr deutlich und in kurzer Zeit.

Wenn der Hund mit diesen Symptomen in die Tierarztpraxis kommt, untersucht der Arzt das Blut des Hundes. Ist der Blutzuckerspiegel zu hoch, kann es sein, dass es sich um eine Diabetes handelt, es kann aber auch sein, dass der Hund lediglich sehr gestresst ist. Deshalb wird noch der Langzeitblutzuckerwert überprüft, und ist auch dann der Zuckerwert zu hoch, bestätigt der Tierarzt dies noch einmal durch eine Urinprobe. Findet er auch dort zu viel Zucker, ist die Diagnose eindeutig.

Was kann man für einen Hund mit Diabetes mellitus tun?

Klar, Insulin durch **Spritzen** zuführen. Im ersten Moment ist das für den Besitzer oft eine Schreckensnachricht, und er kann sich nur schwer vorstellen, seinem Tier zweimal täglich eine Spritze in den Körper zu jagen. Aber wenn der Tierarzt es ihm ganz in Ruhe erst mal gezeigt hat, dann vergeht die Angst schnell und wird stattdessen schnell zur sicheren Routine, die unkompliziert von zu Hause aus durchgeführt werden kann.

Was der Hundebesitzer noch tun kann und auch unbedingt sollte, ist auf die Ernährung seines Hundes zu achten. Der Hund sollte eine **angepasste Diät** in Form von kohlenhydratarmem Futter bekommen. Und die Kohlenhydrate, die er dann bekommt, sollten hochwertig sein, also keine gezuckerten Leckerchen oder Ähnliches. Hier kann sicherlich auch manch Tierarzt beraten oder ein ausgebildeter Ernährungsberater für Hunde.

Gut zu wissen: Blutzucker beim Hund messen

»FreeStyle Libre«, schon mal davon gehört? Ich auch erst im Gespräch mit meiner Tierärztin. Den Hund täglich zu spritzen ist zwar richtig und gut, aber zwischendurch mal zu messen, wie hoch der Blutzucker denn nun wirklich ist, ergibt natürlich auch Sinn. Hier kommt das Produkt »FreeStyle Libre« zum Tragen. Vom Tierarzt oder aus der Apotheke kann man Messgeräte erwerben und lernen, wie man den Blutzucker beim Hund misst. Oder man nimmt eben »FreeStyle Libre« – runde Plättchen, die man auf die (am besten rasierte) Haut des Hundes klebt, und dann kann man den Blutzucker vom Handy abscannen lassen. Diese Methode erfreut sich bei uns Menschen steigender Beliebtheit. Es ist eine sehr bequeme und geniale Methode, aber auch die teuerste.

Bauchspeicheldrüsentumor (Insulinom)

Wie du sicher schon gemerkt hast, begleiten uns Tumoren durch das ganze Buch. Zellen, die entarten und im Wachstum und in der Funktion der Zellen der jeweiligen Organe völlig übertreiben, können überall entstehen. Als ich dieses Buch begonnen habe, war ein »Tumor«

noch die absolute Horror-Diagnose für mich. Aber im Laufe des Buches und nach all den Gesprächen mit meiner Tierärztin hat sich das gewandelt. Tumoren können oft behandelt und unschädlich gemacht werden, so auch in diesem Fall. Aber der Reihe nach.

Der Tumor **»Insulinom«** gehört ebenfalls in die Kategorie der endokrinen Erkrankungen der Bauchspeicheldrüse. Tumoren sind ja, wie inzwischen bekannt, entartetes Gewebe, das überdimensional wächst. So ist es auch beim Insulinom, und wo zu viel ist, wird auch zu viel produziert. Es produziert also viel **zu viel Insulin**.

Dieses extreme Überangebot schädigt den Körper. Er wird mit Insulin befeuert und befeuert, auch wenn längst keins mehr nötig ist. Der Hund **unterzuckert**, sein **Blutzucker sinkt zu stark ab** und in der Folge davon kann es zu **Ohnmacht, Zittern und Krämpfen** kommen, der Hund bricht zusammen.

Nun produziert das Insulinom nicht gleichmäßig zu viel Insulin, sondern auch noch kreuz und quer, mal mehr mal weniger. Das bedeutet, mal ist der Blutzucker beim Hund normal und mal viel zu tief mit den genannten Problemen. Betroffen sind hiervon eher ältere Hunde.

Bei einem Hund mit diesen Symptomen nimmt der Tierarzt dem Hund Blut ab. Aber nun kann das Wirrwarr des Insulinoms zum Tragen kommen, denn möglicherweise ist gerade jetzt der Blutzucker ganz normal, weil der Hund gerade in der normalen Blutzuckerphase ist. Deswegen ist es sinnvoll, dass du genau dann zum Tierarzt fährst, wenn dein Hund diese Symptome hat, denn jetzt ist das Insulin zu extrem und kann im Blut nachgewiesen werden. Der Tierarzt sieht im Blut einen viel zu niedrigen Blutzucker und eine viel zu hohe Menge an Insulin.

Eine weitere diagnostische Möglichkeit ist der Ultraschall. Im Ultraschall kann der Tumor auch sichtbar sein, außer er ist noch klitzeklein wie eine Erbse. Dann ist er schlecht zu sehen, deswegen bietet sich bei Verdacht auf ein Insulinom das CT an.

Was kann man für einen Hund mit Insulinom tun?

Wenn die Diagnose gesichert und der Tumor noch klein ist, kann der Hund konservativ behandelt werden – das heißt ohne Operation –, und dann würde man dem Hund Blutzucker steigende **Medikamente** geben und die **Art des Fütterns** anpassen. Das Futter anpassen heißt, in kleinen Mengen und dafür häufig am Tag füttern, damit der Hund gleichmäßig mit Kohlenhydraten sprich Zucker versorgt ist. Diese Behandlung ist aber eine Behandlung der Symptome, an dem Tumor selbst ändert man hier nichts. Er kann also weiterwachsen.

Ist der Tumor noch klein oder man möchte dem Hund nicht täglich Medikamente verabreichen, kann man den Tumor auch **operativ** entfernen lassen. Dann entfällt ja auch die Gefahr, dass er streut, und das ist natürlich Gold wert. Der Tierarzt entfernt den tumorösen Teil der Bauchspeicheldrüse, der Rest bleibt und die Chance, dass dieser nun wieder unbeeinflusst korrekt arbeitet, ist sehr groß.

Das waren die endokrinen Erkrankungen der Bauchspeicheldrüse.

Exokrine Pankreasinsuffizienz

Wie bereits erwähnt, gibt es auch noch die exokrinen Erkrankungen.

Die exokrine Pankreasinsuffizienz ist zum Glück im Rückzug begriffen. Betroffene Hunde sind **sehr abgemagert**, weil die Bauchspeicheldrüse bei der Fettverdauung nicht mehr mithilft und somit das Fett einfach wieder ausgeschieden wird. Die **Kothaufen** dieser Hunde sind deswegen **fettig**, stinkend und richtig groß, die Hunde selbst haben **struppiges Fell** und sehen insgesamt einfach sehr **krank und unterernährt** aus.

Das sieht dann natürlich auch der Tierarzt sofort, außerdem sieht er auch bei der Kotprobe, dass dort viel zu viel Fett vorhanden ist.

Was kann man für einen Hund mit exokriner Pankreasinsuffizienz tun?

Helfen kann man den Hunden auf eine leckere Art und Weise, denn sie bekommen **Schweinepankreas**. Ja, richtig gelesen, sie bekommen die Bauchspeicheldrüse vom Schwein zu fressen. Entweder kann man sich echten Schweinepankreas vom Schlachter besorgen oder man kauft es als Ergänzungsfuttermittel, das den Hund dann bei der Fettverdauung unterstützt. Beide Varianten helfen sehr gut, Struppi bekommt wieder glänzendes Fell, nimmt zu und sieht bald wieder richtig gut und gesund aus.

Gut zu wissen: Züchter haben der exokrinen Pankreasinsuffizienz den Kampf angesagt

An dieser Stelle ein Lob an die Züchter: Von der Bauchspeicheldrüseninsuffizienz sind hauptsächlich Schäferhunde betroffen, und früher waren es einige. Aber in den letzten Jahren gibt es kaum noch Schäferhunde mit dieser Erkrankung.

Es liegt nahe, dass hier bei der Zucht sorgsam darauf geachtet wird, nur noch gesunde Hunde zu verpaaren, und das Ergebnis kann sich sehen lassen. Die Tierärzte haben kaum noch Patienten mit Pankreasinsuffizienz.

Schäferhund

Pankreatitis

Bei der Pankreatitis handelt es sich um eine Entzündung der Bauchspeicheldrüse. Diese Entzündung kann akut oder chronisch sein. Die chronische Pankreatitis ist meist unauffällig. Man merkt es den Hunden kaum bis gar nicht an, die akute Pankreatitis dagegen kann richtig schlimm bis tödlich verlaufen.

Bei der **akuten Pankreatitis** ist der Hund sehr **matt**. Er **erbricht** und hat dementsprechend auch **keinen Appetit**, aber dafür so **extreme Bauchschmerzen**, dass er in die sogenannte »**Gebetshaltung«** geht, was ungefähr so aussieht, als würde er den Trick »Diener« machen. Auslöser kann eine zu fettreiche Ernährung sein, eine Infektion oder erbliche Prädispositionen. Das Nichtvertragen der Narkose bei einer OP oder ein Trauma können zu einer Durchblutungsstörung der Bauchspeicheldrüse führen, wodurch sie sich entzündet. Mit einer akuten Pankreatitis ist absolut nicht zu spaßen. Sie ist ein **Notfall**, denn es können weitere Organe versagen und dann endet sie **tödlich**.

Beobachtest du also diese Symptome bei deinem Hund, fackel nicht lange, sondern fahre mit ihm zum Tierarzt. Dieser erkennt am Blut in Kombination mit dem Ultraschall, ob es sich wirklich um eine Pankreatitis handelt, und gibt dem Hund dann Infusionen und Medikamente. Da das Zeit benötigt und der Hund unter Beobachtung bleiben sollte, wird er meist stationär aufgenommen.

Auf zum Tierarzt!

Wann du deinen Hund unbedingt zum Tierarzt bringen musst:

- unstillbares Erbrechen
- »Gebetshaltung«
- fehlender Appetit (Inappetenz)
- übermäßiges Trinken und Urinieren

Die Schilddrüse

Die Schilddrüse befindet sich am Hals, genauer gesagt zieht sie sich wie ein Schmetterling über die Luftröhre. Ein Flügel sitzt dann auf der linken Seite der Luftröhre, der andere Flügel auf der rechten. Von hier aus gibt sie ihre Hormone ab.

Allgemeine Infos zur Hundeschilddrüse

Die Schilddrüse ist eine rein endokrine Drüse; sie gibt das, was sie produziert, direkt ins Blut ab.

Wie beim Menschen produziert die Schilddrüse beim Hund jodhaltige Hormone (genauer gesagt T4, das Thyroxin und T3, das Trijodthyronin) – und die sind extrem wichtig für sämtliche Körperfunktionen. Sie regeln nämlich viele Stoffwechselvorgänge im Körper.

Krankheiten und Auffälligkeiten der Hundeschilddrüse

Hier haben wir es wieder mit der Frage nach »zu viel« oder »zu wenig« zu tun. Was genau das bedeutet, erfährst du jetzt.

Unterfunktion der Schilddrüse

Wenn die Schilddrüse eines Hundes krank ist, handelt es sich meistens um eine Unterfunktion. Dann fehlt dem Hund das Hormon T4.

Der Hund ist dann ganz **schlapp und träge, dick**, bekommt eine **dünne Haut** und ist außerdem auch oft **kälteempfindlich**. Er liegt gerne ganz nah an der Heizung statt wie sonst weiter weg, und draußen friert er schnell und will lieber wieder rein, statt die Gassirunde zu genießen. Auch **Ödeme im Gesicht** sind ein typisches Symptom, sie verleihen ihm einen traurigen Gesichtsausdruck.

Wenn der Hund sich in diese Richtung verändert und sein Mensch ihn beim Tierarzt vorstellt, misst dieser die Schilddrüsenhormone im Blut. Wichtig ist hierbei, dass nicht nur das spezielle Hormon T4 gemessen wird, sondern zusätzlich das TSH, ein übergeordnetes Hormon der Hypophyse. Das TSH regt die Schilddrüse an, Hormone zu produzieren. Das T4 ist nämlich nicht nur bei einer Unterfunktion minimiert, sondern auch bei verschiedenen anderen Erkrankungen. Liegt also eine verminderte Menge an T4 vor, kann es eine Schilddrüsenunterfunktion sein, muss es aber nicht. Erst wenn das ebenfalls gemessene TSH erhöht ist, bestätigt sich der Verdacht der Schilddrüsenunterfunktion.

Hier ist ein »Teufelskreis« im Gange. Das T4 ist vermindert. Die Hypophyse misst also, dass davon zu wenig im Blut ist, und schüttet das TSH aus, um die Bildung von T4 zu aktivieren, aber genau das funktioniert nicht. So wird immer mehr TSH ausgeschüttet, und das ist dann der Beweis der Unterfunktion.

Wenn nun die gesicherte Diagnose der Unterfunktion vorliegt, kann man dem Hund hier sehr gut wieder auf die Beine helfen, indem man das **Hormon von außen zufügt**. Die Symptome verschwinden nach und nach, der Hund wird wieder aktiver, lebenslustiger und genießt die Gassirunden auch bei kühlem Wetter wieder.

Überfunktion der Schilddrüse

Eine Überfunktion der Schilddrüse ist bei Hunden extrem selten. Manchmal ist sie »selbst gemacht«, nämlich wenn dem Hund zu viel Schlund gefüttert wird. Er frisst dann Schilddrüse und natürlich auch ihre enthaltenen Hormone und hat dadurch zu viel Thyroxin, also T4, im Körper.

Er hat dann zwar keine Überfunktion, zeigt aber deren Anzeichen: Er ist **nervöser** als sonst, **nerviger**, **unruhiger, nimmt ab** und **regt sich viel schneller auf als nötig.**

Die Lösung liegt nah: nämlich einfach keinen Schlund mehr zu fressen geben.

»Na toll, jetzt hat Simone hier doch tatsächlich den ›Auf zum Tierarzt!‹-Kasten vergessen«, denkst du vielleicht gerade. »Woher soll ich denn jetzt wissen, wenn ein Schilddrüsen-Notfall vorliegt und ich meinen Hund dringend zum Tierarzt bringen muss?« Da kann ich dich beruhigen, denn nein, wir haben ihn nicht vergessen, sondern er ist bei der Schilddrüse einfach nicht nötig. Es gibt bei der Schilddrüse keine wirklichen Notfälle. So kommt sie ganz ohne abschließenden Kasten aus.

Die Geschlechtsorgane

Bei diesem Thema geben wir mal den Damen den Vortritt, Ladies first sozusagen. Die Herren werden dann im Anschluss besprochen.

Allgemeine Infos zu den Geschlechtsorganen der Hündin

Die Geschlechtsorgane der Hündin bestehen aus zwei **Eierstöcken**, die hinter den Nieren sitzen und über den **Eileiter** in die **Gebärmutter** führen. Die Gebärmutter hat zwei sogenannte Hörner, die sich im Gebärmutterkörper vereinen. Am anderen Ende geht es am sogenannten Hals wieder raus. Die Funktion der Geschlechtsorgane ist selbstverständlich die Fortpflanzung.

Beginn der Geschlechtsreife – Läufigkeit

Die **Pubertät** einer Hündin beginnt durchschnittlich zwischen dem 6. und 18. Monat. Das ist eine große Spanne. Ein Grund dafür sind die verschiedenen Rassen: Kleine Rassen sind eher früher dran, und manch kleine Dame wird schon sofort mit sechs Monaten läufig, größere Damen werden oft erst mit einem Jahr oder noch später läufig.

Ein weiterer Grund kann die Stellung im Rudel sein. Ich hatte eine Kundin mit zwei Hündinnen. Eine war mit vier Jahren erwachsen und die Ranghöhere, die zweite Hündin war als Welpe dazugekommen und nun circa ein Jahr alt. Die zweite wurde und wurde nicht läufig – tatsächlich erst mit 18 Monaten das erste Mal. Sie hat ihre Läufigkeit instinktiv so lange wie möglich zurückgehalten, um keinen Ärger zu provozieren.

Typisch für Hündinnen ist eine Läufigkeit zweimal im Jahr, aber auch hier gibt es ein »von bis«: Manche Hündinnen werden nur einmal im Jahr läufig und andere wiederum alle neun Monate. Alle diese Varianten sind im Normalbereich, wobei zweimal jährlich der häufigste Zyklus ist.

Anzeichen der Läufigkeit

Das deutlichste Anzeichen ist das **Bluten**, außerdem **schwillt die Scheide an**, und die **Hündin leckt sich** deutlich häufiger, um sich sauber zu halten. Sie leckt das Scheidensekret weg. Im Alltag fällt die Läufigkeit außerdem dank der Rüden auf, die sehr interessiert sind, an der Dame intensiv schnuppern und sogar aufreiten wollen. Manche Rüden haben da ein sehr feines Näschen. Aber auch die Damen wollen hofiert werden und fangen das **Markieren** nun an oder, wenn sie eh schon ab und an markieren, dann tun sie das jetzt deutlich häufiger als sonst. Die Dame muss den Rüden schon mitteilen, dass sie da und empfänglich fürs Flirten ist.

Ablauf der Läufigkeit

Eine Läufigkeit dauert **circa drei Wochen**. Die Menstruation der Hündinnen ist eine **Aufbaublutung**, das heißt, dass die Gebärmutterschleimhaut während der Zeit der Blutung aufgebaut wird. In dieser Zeit kann also fortpflanzungstechnisch noch nichts passieren, denn die Gebärmutter ist noch nicht bereit. Aber wenn die Blutung aufhört, dann ist alles vorbereitet, nun wird es »gefährlich«. Das Scheidensekret ist nun eher fleischfarben, und jetzt ist die Dame deckbereit. Ganz grob kann man sagen, dass die Mitte der Läufigkeit die gefährlichste Zeit ist – aber ohne Gewähr.

Wenn kein Deckakt stattfindet, endet die Läufigkeit, die Schleimhaut der Gebärmutter wird wieder abgebaut und in einem halben Jahr (zum Beispiel) beginnt der Spaß aufs Neue.

Trächtigkeit

Wenn ein Deckakt stattgefunden hat und erfolgreich war, ist die Hündin nun tragend und wird in **circa 63 Tagen** ihre Welpen zur Welt bringen. Oder ist sie vielleicht doch nicht tragend? Oder doch? Oder nicht?

Will man es genauer wissen und nicht nur vermuten, kann man ab dem circa 22. bis 24. Tag nach dem Deckakt einen Ultraschall machen lassen. Hier sieht man, ob Fruchtanlagen der Welpen vorhanden sind, und wenn dem so ist, dann herzlichen Glückwunsch. Ab dem circa 42. Tag kann man auf dem Röntgenbild auch erkennen, wie viele Welpen es werden.

Für die Sicherheit der Hündin und der zukünftigen Welpen ist es gut, ab dem 42. Tag ein Röntgenbild machen zu lassen, damit man weiß, wie viele Welpen es werden. Bis zu acht

Welpen kann der Tierarzt im Röntgenbild gut erkennen, bei einer höheren Anzahl wird ein genaues Zählen dann manchmal schwierig. Und wenn man nun zum Beispiel weiß, es werden sechs Welpen, und nach der Geburt des vierten Welpen passiert nichts mehr, dann weiß man, dass da etwas nicht stimmt und kann den Tierarzt einschalten. Kennt man die Anzahl nicht, rätselt man: Was ist los? Ist sie nur erschöpft? Schafft sie es nicht? Liegt ein Welpe quer? Waren das alle Welpen oder sollte eigentlich noch ein Welpe oder mehrere Welpen kommen?

Trächtige Jack-Russel-Terrier-Hündin

Hat man die Zahl durch das **Röntgenbild** festgestellt, ist man auf der sicheren Seite. Kennt man die Anzahl nicht, kann man auch dann zum Tierarzt fahren, wenn die Geburt stockt und man sich Sorgen macht. Dann kann man ein **Leerröntgenbild** machen lassen. Der Tierarzt sieht, ob wirklich alle Welpen draußen sind, und ist dem nicht so, wird er der Hündin helfen. Aber für die Hündin ist das zusätzlicher, vermeidbarer Stress. Sie wird in ihrem Geburtsvorgang unterbrochen, alles kommt durcheinander und keiner weiß Bescheid. Auch die Welpen bekommen den zusätzlichen Stress mit. Deswegen ist das vorherige Röntgen trotz der Strahlenbelastung sinnvoll.

Geht die Trächtigkeit dem Ende zu, und man möchte wissen, wann die neuen Vierbeiner geboren werden, kann man bei seiner Hündin täglich die **Temperatur messen**. Sinkt diese um ein Grad, weiß man: In circa 24 Stunden ist es so weit.

Geburt

Die Wurfkiste ist gebaut und sollte an einem ruhigen Ort stehen. Wie soll frau in Ruhe Kinder bekommen, wenn die ganze fünfköpfige Menschenfamilie und die drei weiteren Hunde alle ganz aufgeregt um sie herumrennen? Klar, es ist ein superspannendes Ereignis. Dennoch sollte die Hündin an einem ruhigen, von ihr gewählten Ort ihren Nachwuchs zur Welt bringen dürfen. Ruhige, souveräne Menschen um sie herum tun ihr dabei sicher gut.

Die meisten Hündinnen bekommen ihre Welpen sehr gut alleine. Der Mensch muss da nicht mitmischen und sollte auf keinen Fall an den Welpen ziehen, um es einer Hündin einfacher zu machen oder Ähnliches. Viel zu hoch ist die Verletzungsgefahr, und außerdem dürfen Hündin und Welpen sich ruhig anstrengen, das ist ja ein ganz natürlicher Vorgang.

Kommen die ersten Welpen zügig nacheinander auf die Welt und dann entsteht eine Pause, sollte man auf die Uhr schauen. **Zwischen zwei Welpen sollten nicht mehr als zwei Stunden liegen.** Dauert es länger und man weiß, dass da noch welche kommen, ist es sinnvoll, den Tierarzt zurate zu ziehen.

Kaiserschnitt

Im Idealfall läuft die Geburt gleichmäßig, und danach sind Mamahündin und ihre Welpen wohlauf. Leider ist das nicht immer der Fall. Wenn Probleme bei der Geburt auftauchen, kann das verschiedenste Ursachen haben. Man unterscheidet **Probleme, die von den Welpen ausgehen**, von **Problemen, die von der Hündin ausgehen**.

Bei den **Welpen** kann es zum Beispiel sein, dass ein toter Welpe dabei ist oder ein Welpe zu groß für den Geburtskanal der Hündin ist.

Bei der **Mutterhündin** können es zum Beispiel körperliche Probleme sein, wie ein zu kleines oder schiefes Becken, eine Verletzung der Gebärmutter während der Geburt, aber auch eine so große Erschöpfung, dass sie einfach nicht mehr kann. Wenn die oben erwähnten zwei Stunden nach der Geburt des letzten Welpen überschritten werden, dann sollte man seinen Tierarzt aufsuchen.

Dieser macht einen **Ultraschall** und/oder ein **Röntgenbild**. Im Röntgenbild sieht man, ob zum Beispiel ein Welpe den Geburtskanal blockiert oder zu groß ist, und im Ultraschall sieht man, wie es den Welpen geht, indem man deren Herzfrequenz feststellt, die bei über 180 Schlägen pro Minute liegen sollte. Ist die Herzfrequenz deutlich niedriger, geht es dem Welpen extrem schlecht. Für alle Beteiligten ist das natürlich schrecklich. Zusätzlich ist es ein Grund für einen Kaiserschnitt, um die Hündin und eventuell auch den Welpen zu retten.

Wenn man erkennt, dass die Fortpflanzung eine Tortur ist für die Hündin und sie es nicht alleine schafft, Welpen zu gebären, ist es für die Hündin wahrscheinlich besser, keine weiteren Geburten durchstehen zu müssen. Entscheidet man sich dafür, ihr die damit einhergehenden Qualen zu ersparen, dann kann der Tierarzt sie in dem Moment auch kastrieren, was der Hündin eine weitere OP erspart.

Kastration

Bei der Kastration werden der Hündin die **hormonproduzierenden Organe**, sprich die **Eierstöcke**, entfernt. Fortpflanzungsfähigkeit und Läufigkeit gehören danach der Vergangenheit an.

Die Gretchenfrage lautet oft: Kastration ja oder nein? Die Antwort ist ein klares Jein oder anders ausgedrückt: »Es kommt drauf an.«

Eine Kastration hat ihr Für und Wider. Fakt ist: Sie verhindert die Fortpflanzung der Hündin, sie kann von nun an nie mehr Welpen bekommen. Und sie wird auch nicht mehr läufig. Die Für und Wider sind Erfahrungen, Studien, Vorlieben, Meinungen und persönliche Philosophien. Wie eine Hündin sich nun nach der Kastration wirklich real entwickelt, kann niemand voraussagen. Wir stecken nicht drin, können nicht in die Zukunft schauen, wissen nicht, was passiert, wenn wir kastrieren lassen, und auch nicht, was passiert, wenn nicht. Jeder sollte und darf für sich entscheiden, was ihm das Wichtigste ist und womit er sich wohl fühlt. Nur eins ist klar: Es sollte immer zum Wohl der Hündin und niemals zu ihrem Schaden sein.

Das Thema Kastration reicht für ein eigenes Buch. Aber ein paar Gedanken und Infos möchte ich dir dazu nicht vorenthalten: Eine Hündin, die nicht mehr läufig wird und keine Welpen bekommen kann, wird normalerweise von den Rüden nicht mehr bedrängt. Sie riecht nicht nach »könnte die Mutter meiner Kinder werden« und hat meist ihre Ruhe vor den Herren. Auch ihre Menschen haben dann mehr Ruhe. Zum einen müssen sie ihre Hündin nicht vor den allzu aufdringlichen Herren beschützen und zum anderen keine Sorge haben, dass sie ungewollt trächtig wird.

Außerdem beugt die Kastration dem gefürchteten **Gesäugetumor** vor. Diese Information stammt zwar aus einer Studie aus den 1980er-Jahren und ist inzwischen umstritten, allerdings haben mir gleich mehrere Ärzte bestätigt, dass ihre Erfahrungen diese Studie bestätigen. Sie haben in ihren Praxen tatsächlich nur bei unkastrierten Hündinnen Gesäugetumoren festgestellt. Kastriert man aus diesem Grund, sollte die Kastration sehr früh, am besten nach der ersten Läufigkeit, stattfinden.

Im **Verhaltensbereich** der Hunde gibt es unzählige Studien und Bücher über das Thema. So heißt es zum Beispiel, dass eine früh kastrierte Hündin noch lange verspielt und jugendlich bleibt. Bei einigen Hündinnen kann ich das bestätigen, bei anderen wiederum nicht. Es heißt, dominante Hündinnen werden noch dominanter und aggressiver, weil durch die Kastration das Testosteron steigt. Bei einigen Hündinnen kann ich das bestätigen, bei anderen wiederum nicht. Es heißt außerdem, kastrierte Hunde werden dicker, gemütlicher, fauler. Auch hier kann ich wieder nur sagen, manchmal trifft es zu und manchmal nicht. Die Gewichtszunahme lässt sich allerdings wunderbar über die Menge und die Qualität des Futters steuern. Das kann manches mal um gut ein Drittel verringert werden.

Bei unsicheren Hunden sagt man, sie können noch unsicherer werden bei einer frühen Kastration. Ich habe auch genau gegenteilige Beispiele erlebt.

So ist das mit der Psychologie. Es ist keine Mathematik, bei der 1 + 1 unumstößlich 2 ist. Mensch und Hund sind sehr komplexe Wesen, deren Verhalten man nicht mathematisch vorhersagen kann. Und das ist auch gut so, denn meiner Meinung nach macht genau das ja das Leben mit Hund so spannend. Hunde sind ganz eigenständige, komplexe und höchst besondere Persönlichkeiten. Deswegen ist es so wichtig, sie wirklich verstehen zu lernen, und deswegen kann niemand mit Sicherheit sagen, wie sich die Kastration auswirken wird.

In der Medizin geht es etwas mathematischer zu. Hier ist ein **Nachteil der Kastration** leider gesichert. Er betrifft nicht jede Hündin, aber er kommt vor, und das ist die **Inkontinenz**. Man geht davon aus, dass der Wegfall der Hormone den Schließmuskel der Blase schwächt. Wenn die Hündin dann entspannt liegt und dann aufsteht, hinterlässt sie eine kleine Pfütze. Abhilfe schaffen hier Medikamente, welche die Hündin dann ein Leben lang bekommen muss.

Auch das **Fell** kann unter einer Kastration leiden und wieder so eine Art Welpenfell werden. Gesundheitlich hat das keine Auswirkungen auf die Hündin, es macht lediglich optisch einen Unterschied.

In den letzten Jahren sind bei kastrierten Hündinnen größerer Rassen vermehrt Kreuzbandrisse aufgetaucht. Hier wäre interessant zu wissen, ob gerade die Hündinnen Kreuzbandrisse erleiden, die nach der Kastration an Gewicht zugelegt haben. Das könnte dann nämlich auch für die Kreuzbandruptur verantwortlich sein. Andererseits ist es schon so, dass der Wegfall der Hormone sich auf das Körpergewebe auswirkt. Warten wir mal Studien ab, die diese Vermutung definitiv be- oder widerlegen.

Bei kastrierten Rottweilerhündinnen sind vermehrt Knochentumoren aufgetreten. Auch hier stehen noch definitiv be- oder widerlegende Studien aus.

So gibt es viele verschiedene Punkte, welche die Wahl »Für« oder »Wider« entscheiden. Nach dem Tierschutzgesetz muss man eine Indikation haben, um ein Tier zu kastrieren, und das ist auch gut so. Denn es ist eine Entscheidung fürs Leben, mit Risiken und nicht vorherbestimmbaren möglichen Verhaltensveränderungen und nicht rückgängig zu machen. Deswegen sollte sie nicht leichtfertig, sondern wohl durchdacht und mit Tierarzt und Hundetrainer durchgesprochen getroffen werden.

Gut zu wissen: Der Unterschied zwischen einer Kastration und einer Sterilisation

Kurz und knapp: Bei einer **Kastration** werden die entscheidenden Organe entfernt, bei der **Sterilisation** nur die Wege dorthin gekappt.

Das bedeutet: Bei einer Hündin werden bei der **Kastration** die Eierstöcke entfernt und bei einem Rüden die Hoden. Bei einer **Sterilisation** werden bei der Hündin lediglich die Eileiter durchtrennt und bei einem Rüden die Samenleiter. Die hormonproduzierenden Organe bleiben erhalten.

Eine Kastration verändert also wirklich die hormonelle Situation, eine Sterilisation nicht. Nach einer Sterilisation bleibt alles so, als wäre nichts passiert, es kann lediglich kein Nachwuchs mehr gezeugt werden: Die Hündin wird weiterhin läufig und der Rüde verhält sich weiterhin wie ein unkastrierter Rüde. Ist er zum Beispiel sehr aufdringlich gegenüber den Damen und grantig zu den Herren, ändert sich bei einer Sterilisation daran nichts.

Und hier noch ein Fun Fact: Bei den männlichen Löwen im Zoo wird nur eine Sterilisation durchgeführt. Bei einer Kastration würde er nämlich seine tolle Mähne verlieren. Das geht natürlich nicht. Dann käme der stattliche Kerl ja wie ein Mädchen daher.

Scheinträchtigkeit

Die Scheinträchtigkeit ist im Prinzip ein Überbleibsel der Evolution. War die Leitwölfin läufig, haben sich ihr weitere Wölfinnen angeschlossen und wurden nicht nur gleichzeitig läufig, sondern zeigten auch Anzeichen dafür, bald Welpen zu bekommen. Sie wurden scheinträchtig. So konnte das Überleben des Rudels auch gesichert werden, wenn die Leitwölfin bei der Geburt oder danach sterben sollte. Dann konnten sich die anderen scheinträchtigen Wölfinnen des Nachwuchses annehmen.

Heute brauchen unsere Hunde das nicht mehr, trotzdem werden manche Hunde noch so extrem scheinträchtig, dass sie stark leiden. Sie **bilden Gesäuge**, **bekommen also Milch**, **bauen** mit allen möglichen Materialien ein **Nest**, schleppen Spielzeuge ins Nest oder mit sich herum und tun so, als seien das Welpen. Sie **wollen nicht mehr rausgehen**, sind **schlecht drauf**, **unleidig und latschig**, und wenn es ganz schlimm ist, wollen sie auch **nicht mehr fressen**, und das manchmal tagelang.

Eine ganz leichte Scheinträchtigkeit muss nicht behandelt werden. Eine ganz mild scheinträchtige Hündin kann mit pflanzlichen Mitteln unterstützt werden.

Eine extrem scheinträchtige Hündin leidet wirklich und kann gut hormonell unterstützt werden.

Die Scheinträchtigkeit ist keine Krankheit im eigentlichen Sinne, aber einer stark scheinträchtigen Hündin geht es wirklich mies. Und wenn sie von Anfang an, also mit den ersten Läufigkeiten, bereits ein Thema damit hat, wird es wahrscheinlich mit jeder Läufigkeit stärker werden.

Was du auf keinen Fall tun solltest, ist, die Scheinträchtigkeit deiner Hündin zu stimulieren. Manchmal meint man es gut und massiert das geschwollene Gesäuge, damit es weich bleibt, und fasst häufiger dran, um zu prüfen, wie doll es geschwollen ist. Aber damit fördert man den Milcheinschuss, und das ist für die Hündin mehr schlecht, als dass es ihr hilft. Alles, was deine Hündin darin unterstützt, sich »schwanger« zu fühlen, solltest du unterbinden. Trägt sie ständig Spielzeug mit sich herum und legt es in ihr Körbchen, nimm es ihr weg. Geh mit ihr raus, bring sie auf andere Gedanken und lass sie nicht mit Welpen spielen.

Spielen wir das Ganze mal durch. Drei Wochen Läufigkeit, ein bis drei Wochen vorher riecht die Hündin schon gut, und die Rüden sind schon aufdringlich und ungehobelt. Danach die Scheinträchtigkeit. Nach alles in allem gut drei Monaten ist wieder Ruhe eingekehrt. Aber nun wird die Hündin bald schon wieder läufig, die Rüden zeigen bereits wieder gesteigertes Interesse. Dann kommt die zweite Läufigkeit im Jahr und die ganze Prozedur mit der Scheinträchtigkeit steht wieder vor der Tür. Das ist für Mensch und Hündin echt anstrengend. Möchte man seiner Hündin helfen, ist die Kastration eine Überlegung.

Krankheiten und Auffälligkeiten der Geschlechtsorgane der Hündin

Den Zyklus der Hündin mit all seinen Herausforderungen kennst du nun, jetzt kommen die möglichen Erkrankungen der Geschlechtsorgane. Die wichtigsten stelle ich dir wieder in den folgenden Abschnitten vor.

Juvenile Vaginitis

Dass das Immunsystem der jungen Hunde noch nicht so ganz ausgereift ist, ist bereits bekannt. Diese Tatsache kann auch die Scheide der Hündin betreffen. Da diese nicht weit entfernt ist von ihrem Po, können sich »Po-Keime« hineinverirren. Das gesunde Immunsystem einer erwachsenen Hündin kommt damit sehr gut zurecht. Aber das unausgereifte Immunsystem einer jungen Hündin hat eventuell damit zu kämpfen, und so kommt es zur juvenilen Vaginitis.

Erkennen kann man sie am **fleischfarbenen Ausfluss**, daran, dass die Hündin sich **oft an der Scheide leckt**, und an den **verklebten feinen Scheidenhärchen.** Es kann einem mitunter leicht so vorkommen, als hätte die Hündin eine Blasenentzündung, weil sie **ständig pieseln** möchte.

Dennoch ist »nur« die äußere Scheide betroffen, die Keime sind nicht weiter ins Innere vorgedrungen. Und auch wenn die Scheidenentzündung erst mal nichts Schlimmes ist, soll sie abklingen, und das schafft man mit Waschen: ein- bis zweimal täglich mit einer milden Waschlotion, dann sollten die Keime verschwinden.

Eine juvenile Vaginitis ist also nichts Schlimmes, aber unangenehm, und wenn man sie nicht behandelt, können die Keime weiter ins Innere der Hündin vordringen und dort leider auch für Schlimmeres sorgen. Deswegen ist es sehr wichtig, diese Keime gründlich wegzuwaschen.

Gebärmutterentzündung (Pyometra)

Eine Gebärmutterentzündung ist leider nicht selten. Typische Anzeichen dafür sind eitriger Scheidenausfluss, häufigeres Trinken und Pinkeln, Erschöpfung, Appetitlosigkeit und Fieber.

Entstehen kann solch eine Entzündung gegen Ende der Läufigkeit. Der Muttermund ist in dieser Phase noch geöffnet, sodass Bakterien eindringen können. Eigentlich bekämpft das Immunsystem diese effizient, aber in der Endphase der Läufigkeit ist die Abwehrfähigkeit aufgrund verschiedener hormoneller Vorgänge herabgesetzt. Die Bakterien dringen ein, der Muttermund schließt sich, die Bakterien sind drin und sorgen nun für eine Entzündung und als Folge davon für extrem starke Eiterbildung in der Gebärmutter.

Meistens geht das circa sechs bis acht Wochen nach der Läufigkeit los, kastrierte Hündinnen sind also nicht betroffen.

Eine Pyometra kann offen oder geschlossen sein.

Die **offene Pyometra** ist gut zu erkennen, denn der Eiter fließt nach draußen ab. Der Gebärmutterhals ist hier geöffnet, der Eiter kann wenigstens aus der Scheide heraus abfließen. Bei der nächsten Läufigkeit ist aber die Wahrscheinlichkeit extrem hoch, dass wieder eine Pyometra auftritt, deswegen sollte die Hündin am besten kastriert werden.

Die **geschlossene Pyometra** dagegen ist tückisch, denn es kommt kein Eiter zum Vorschein, und dadurch wird sie eventuell erst sehr spät erkannt. Die Gebärmutter kann in diesem Fall wie ein zu stark aufgepusteter Ballon platzen, weil sie so extrem mit Eiter gefüllt ist und der immer mehr und mehr wird. Irgendwann ist sie zu klein für all den Eiter und reißt. In beiden Fällen ist die **Hündin schlapp und fiebrig, hat keinen Appetit mehr, trinkt und pieselt viel und möchte ansonsten nur ihre Ruhe haben**. **Das ist ein totaler Notfall!** Die Hündin muss sofort kastriert werden. Sehr alten Hündinnen, denen man keine Narkose und Operation mehr zumuten möchte, kann der Tierarzt Medikamente geben, die die Gebärmutter entleeren.

Gesäugetumoren

Vor Tumoren ist ein Körper nirgendwo sicher; jedes Organ kann davon betroffen sein. Allerdings ist ein Gesäugetumor zu 50 Prozent gutartig und damit **gut operabel**, und das ist eine hoffnungsvolle Prognose.

Aber egal ob gut oder böse, entfernt werden sollten Tumoren auf jeden Fall, denn sie können streuen und weiteren Schaden anrichten. Am liebsten streuen sie in die Lunge. Deswegen macht der Tierarzt ein Röntgenbild der Lunge und prüft, ob der Tumor das schon getan hat oder noch nicht.

Hat der Tumor schon gestreut, stellt sich die schreckliche Frage, ob eine OP noch Sinn ergibt. Wenn ja, hält der Tierarzt sich an die Empfehlungen der WHO, die angibt, bei welchem Grad des Tumors wie viel entfernt werden soll. Je größer der Tumor, desto mehr muss natürlich entfernt werden. Und wenn es bereits mehrere Tumoren gibt, wird die gesamte Gesäugeleiste der betroffenen Seite entfernt. Das ist dann eine große OP, entfernt wird dabei aber auch das gesamte Tumorgewebe mit allem Drum und Dran. Bei dieser OP wird wird alles entfernt – viel Haut, die Zitzen –, sodass die Hündin danach sozusagen blank ist. Und eine so große Wunde braucht ihre Zeit zum Heilen. Ist die andere Seite ebenfalls nötig, kommt diese zweite OP erst nach circa sechs bis acht Wochen infrage.

Bei dieser OP stellt sich noch die Frage: »Auch Kastrieren oder nicht?« Einerseits, wenn man eh schon dabei ist, dann kann man auch gleich mitkastrieren. Wenn der Tumor nur an einer Seite sitzt, ist die Chance groß, dass die Kastration dafür sorgt, dass die andere Seite nicht befallen wird. Es ist keine hundertprozentige Sicherheit, aber immerhin erhöht es die Chance. Andererseits aber ist die OP sowieso schon so groß und dann auch noch in den Bauchraum erweitern, das ist ja noch heftiger. Diese Frage bespricht der Tierarzt ganz individuell mit seinen Patienten.

So viel zu den Damen, kommen wir nun zu den Herren. Bei ihnen ist, na sagen wir mal, alles etwas einfacher gebaut. Ihre Geschlechtsorgane befinden sich größtenteils außerhalb der Bauchhöhle, was es zumindest medizinisch gesehen einfacher macht.

Allgemeine Infos zu den Geschlechtsorganen des Rüden

Bei den Rüden geht es deutlich unkomplizierter zu. Sie haben **Nebenhoden**, **Hoden** und die **Prostata**. That's it.

Die Nebenhoden produzieren die **Spermien**. Gelagert werden sie dann in den Hoden. Dort sind sie geschützt und werden schön warmgehalten. Und kommt es dann zur Ejakulation, werden sie ausgestoßen und sorgen eventuell für weitere supersüße kleine Fell-Terroristen. Hierbei kommt auch die Prostata ins Spiel. Sie gibt Sekrete dazu, welche die Spermien haltbarer machen, Konservierungsstoffe sozusagen.

Kastration

Bei der Kastration des Rüden werden die **Hormon produzierenden Organe**, sprich **Hoden und Nebenhoden**, entfernt. Da der Rüde seine Geschlechtsorgane außerhalb der Bauchhöhle mit sich trägt, ist diese Operation bei ihm deutlich leichter durchzuführen als bei der Hündin. Gut abgewogen will die Entscheidung aber trotzdem werden.

Auf die Fragen »Wie ist das jetzt mit dem Verhalten des Rüden? Sollte man ihn kastrieren lassen und, wenn ja, in welchem Alter?« ist auch hier wieder meine eindeutige Antwort: »Es kommt darauf an.«

Auch bei Rüden ist die Kastration eine Operation inklusive Narkose mit allen Nebenwirkungen, die es geben könnte (zum Beispiel könnte der Hund die Narkose nicht vertragen). Allerdings ist die OP beim Rüden wesentlich kleiner und leichter, was die Entscheidung dafür sicher auch leichter macht. Die Hoden werden entfernt, und da sie sich außen am Hund befinden, muss kein Bauchschnitt durchgeführt werden, sodass die Wunde sehr klein bleibt.

Zu den häufigsten Erkrankungen der Geschlechtsorgane der Rüden gehören **Hodentumoren**. Sind aber keine Hoden mehr da, kann hier auch kein Tumor entstehen. Das ist also eindeutig ein Vorteil der Kastration.

Ein weiteres Problem der Geschlechtsorgane der Hunde ist die Vergrößerung der Prostata. Auch diese Problematik tritt bei kastrierten Rüden nicht auf. Wieder eine Sorge weniger, wieder ein Vorteil der Kastration.

Was das **Verhalten** angeht, sind die Erfahrungen hier eindeutiger. Welpenrüden sind noch naiv, verspielt und sehen die Welt noch rosarot. Kommen sie aber in die Pubertät, werden sie so langsam, aber sicher erwachsen und fortpflanzungsfähig. Ihre »Gedanken« werden ernster, andere Rüden werden zu Konkurrenten und Hündinnen die potenziellen Mütter ihrer Kinder, da muss man also Gentleman sein. Das wiederum gelingt vielen Rüden aber nicht. Stattdessen sind sie aufdringlich zu den Mädels, stinkig zu den Rüden und sie können sich draußen auf nichts mehr konzentrieren, weil sie nur noch »an das Eine« denken.

Die Hundebesitzer werden in dieser Zeit schier verrückt. Es gibt Tage, da hören die Rüden gut und sind nett zu anderen Rüden, und dann gibt es Tage, da möchte man seinen Hund einfach an der Raststätte aussetzen, weil der sich so was von daneben und pöbelig benimmt, dass man im Erdboden versinken möchte. Natürlich hat das auch ganz viel mit guter Erziehung zu tun, aber nicht nur, und wenn der Rüde sich so entwickelt und das nicht wieder besser wird, ist eine Kastration für alle Beteiligten eine Erleichterung.

Auch erwachsenen Rüden mit dieser Problematik nimmt man durch die Kastration eine gehörige Portion Stress. Der Rüde kann wieder klarer denken, entspannt sich und in seinem Kopf ist auch wieder Platz für andere Dinge als nur Sex. Bei dieser Problematik empfehle ich meinen Kunden oft die Kastration. Natürlich nicht, ohne nicht vorher genau hingesehen und mit den Besitzern alles besprochen zu haben. Wenn die Kunden unsicher sind, gibt es noch eine weitere Möglichkeit. Und das ist die chemische Kastration, sprich das Einsetzen eines Chips.

Chemische Kastration: der Chip

Bei der chemischen Kastration wird dem Rüden ein Hormonchip eingesetzt. Die Wirkstoffe des Chips unterdrücken die Hormone, die für die Aufrechterhaltung der Fruchtbarkeit zuständig sind. Dadurch ist der Rüde nicht mehr fähig zu decken und auch ansonsten wie kastriert. Es gibt Chips mit einer **Wirkungszeit von sechs Monaten und von zwölf Monaten**.

Der Tierarzt kann den Chip einsetzen, wenn die Menschen unsicher sind, wie der Hund sich bei einer Kastration verändern würde und ob eine Kastration sinnvoll ist. Es ist sozusagen eine Kastration auf Probe. Wenn die Wirkung des Chips vergeht, ist der Rüde wieder »unkastriert«.

Nun könnte man sagen, dann erspare ich meinem Hund doch die OP mit ihren Gefahren und chippe ihn einfach sein Leben lang. Das ist möglich, aber zum einen ein größerer Aufwand und zum anderen auch auf Dauer die teurere Methode.

Hat man einen Deckrüden, und der soll mal einige Zeit nicht decken, dann ist ein Chip für diese Zeit auch eine Möglichkeit. Und so gibt es noch viele Möglichkeiten und persönliche Situationen mehr. Und apropos persönlich – persönlich dürfen auch hier wieder die Entscheidungen sein. Wenn sie gut überlegt und zum Wohle des Hundes sind, sind sie sicher gut so, wie sie sind.

Kann es auch passieren, dass ein Chip nicht wirkt? Ja, das kann in der Tat vorkommen, aber dann fällt es auf, denn dann bleiben die Hoden des Rüden groß. Funktioniert der Chip, dann verkleinern sie sich.

Krankheiten und Auffälligkeiten der Geschlechtsorgane des Rüden

Erkrankungen gibt es bei den Geschlechtsorgangen der Herren nur wenige. **Tumoren** machen auch hier keinen Halt, sind aber zum Glück meist gutartig. Näheres und mehr erfährst du jetzt.

Vorhautentzündung (Präputialkatarrh)

Hiervon sind nicht nur junge Rüden, sondern allgemein **unkastrierte Rüden** betroffen. Warum genau es dazu kommt, ist noch nicht geklärt, aber man geht von hormonellen Hintergründen aus, denn meistens geht es mit Beginn der Pubertät damit los. Trifft ein Rüde auf eine läufige Hündin, kann man oft eine Steigerung beobachten, welches diese Vermutung bestätigt.

Bei einem Präputialkatarrh verlieren die Rüden **Sekret aus der Vorhaut**. Es kann klar sein, aber auch eine eitrige weiße, unangenehm riechende Flüssigkeit. Manche betroffenen Rüden verlieren ab und an mal ein Tröpfchen, bei manchen ist das aber sehr stark und sehr unangenehm.

Spätestens dann ist der Katarrh nicht mehr zu übersehen, aber man merkt es auch daran, dass der Rüde oft an seiner Vorhaut und seinem Penis herumleckt.

Das Waschen mit einer **speziellen, milden Waschlotion** ist hier die erste Maßnahme, reicht das nicht aus, sollte man seinen Rüden dem Tierarzt vorstellen.

Mit dem Waschen der Vorhaut entfernt man das entzündliche Sekret und hält den betroffenen Bereich sauber. Aber wenn ein Rüde damit Malaisen hat, geht der Katarrh zwar weg, kommt aber auch gerne wieder und wieder. Wieder und wieder leckt der Rüde ständig daran herum und zusätzlich zu dem sowieso schon entzündlichen Sekret ist der Bereich auch ständig feucht vom Lecken. Das ist auf Dauer natürlich nicht gut, denn feucht ist immer wieder ja auch ein tolles Milieu für Keime. Ein Teufelskreislauf. Und dann ist das Mittel der Wahl die Kastration.

Hodentumoren

Es gibt Hodentumoren, die weibliche Hormone produzieren. Der Rüde verweiblicht gewissermaßen und bildet zum Beispiel ein Gesäuge.

Es gibt weitere hormonbildende Tumoren, die zum Beispiel Auswirkungen auf das Knochenmark haben. Sie supprimieren es, was bedeutet, dass die Funktion des Knochenmarks, nämlich die Bildung der roten Blutkörperchen, runtergefahren wird. Weniger Sauerstoff im Blut hat natürlich Auswirkungen auf die Gesundheit und das Wohlfühlen des Hundes, deswegen sollten auch die gutartigen Tumoren entfernt werden.

Kryptorchismus

In der Jugend der Herren gibt es noch eine besondere Problematik: Ein Hoden bleibt in seiner Entwicklung stecken, was im Fachjargon »Kryptorchismus« genannt wird.

Kryptorchismus ist eine **Fehlstellung des Hodens**. Er befindet sich an einer Stelle, wo er nicht hingehört. Der Hoden entsteht in der Embryonalentwicklung hinter den Nieren. Von dort steigt er ab. Es geht an der Blase vorbei, durch die Leiste und dann in den Hodensack. Dort gehört er hin.

Aber beim Kryptorchismus kommt er dort nicht an, sondern bleibt irgendwo auf dieser Strecke hängen. Das kann im Bauch sein oder auch in der Leiste, und da steckt er nun fest und bleibt dort. Acht Monate lang hat er Zeit hinabzusteigen. Ist das bis dahin nicht geschehen, sollte er entfernt werden, da sonst die Gefahr der Entartung besteht. Der Tierarzt kann lediglich diesen innen liegenden Hoden entfernen oder den Rüden komplett kastrieren. Züchten sollte man mit diesen Rüden nicht, denn Kryptorchismus ist vererblich.

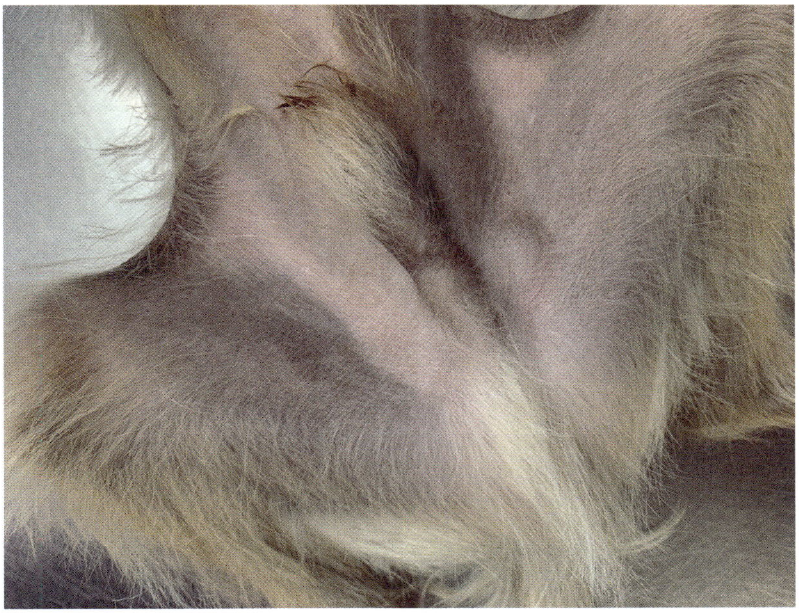

Kryptorchismus beim Rüden

Vergrößerte Prostata (Hyperplasie)

Eine weitere Erkrankung betrifft die Prostata. Fast alle nicht kastrierten Rüden haben schon mal eine vergrößerte Prostata. Das ist erst mal nicht weiter tragisch, denn es kann Probleme machen, muss es aber nicht. Etliche Rüden laufen zufrieden und ohne Einschränkungen mit einer vergrößerten Prostata durch die Welt.

Ist die Prostata stärker oder richtig stark vergrößert, macht sie allerdings ganz ordentliche Probleme, sie **stört nämlich beim Pieseln und sogar beim Koten**. Die Harnröhre verläuft durch die Prostata hindurch. Und ist die zu dick, engt sie die Röhre ein und es kommt zum Stau. Die Prostata sitzt außerdem unterhalb des Darms und kann den Enddarm dementsprechend nach oben drücken, was ebenfalls zum Stau führt.

Die Vergrößerung der Prostata ist mit **Medikamenten** behandelbar. Allerdings ist nicht sicher, ob die Prostata sich danach nicht wieder vergrößert und wieder Probleme macht. Es kann immer wieder zu einer Vergrößerung kommen, und wenn das der Fall ist, ist eine Kastration sinnvoll. Das nimmt sowohl dem Rüden als auch seinen Menschen eine Menge Stress und Unannehmlichkeiten.

Auf zum Tierarzt!

Wann du deine Hündin unbedingt zum Tierarzt bringen musst:

- eitriger Scheidenausfluss
- Fieber
- übermäßiges Trinken und Urinieren

Wann du deinen Rüden unbedingt zum Tierarzt bringen musst:

- übermäßiges Trinken und Urinieren
- blutiger Urin
- starkes Pressen beim Koten

Die Rute

Wir sind ganz am Ende des Hundes angekommen, und dort haben Hunde etwas, was bei uns nur noch ganz rudimentär als Steißbein vorhanden ist, die Rute.

Allgemeine Infos zur Rute des Hundes

Die Rute ist, je nach Rasse, ganz verschieden geformt. Manche Hunde, wie zum Beispiel der Havaneser oder der Shar Pei, tragen die Rute eher gekringelt nach oben, andere wiederum lassen sie eher lang und locker mitschwingen, wie zum Beispiel der Setter. Auch die Anzahl der Wirbelkörper der Rute ist je nach Hund ganz verschieden, rundherum von **6 bis 23 Wirbeln** ist alles möglich.

Für die **Kommunikation** der Hunde sind die angezüchteten gekringelten Ruten manchmal ungünstig, denn sie zeigen anderen Hunden so eine dauerhaft souveräne bis imponierende Haltung, was manch einem anderen Hund ein Dorn im Auge sein und ihn provozieren kann. Für den Hund mit Kringelrute ist genau diese Haltung der Rute aber die entspannteste. Das kann zu vorprogrammierten Missverständnissen in der Kommunikation führen.

Unsere Havaneser-Malteser-Mix-Dame Küwi trägt ihre Rute fast immer gekringelt nach oben, weil sie anatomisch so gebaut ist, dass sie für Küwi in dieser Haltung am entspanntesten getragen werden kann. Aber in manchen Situationen hält auch Küwi ihre Rute runter, zum Beispiel wenn sie unsicher ist.

Auch beim **Bewegen** ist die Rute für Hunde sehr hilfreich. Beim Schwimmen dient sie als Ruder, beim Stoppen als Bremse, bei schnellen Wendungen als Steuer und sie hilft dem Hund, die Balance zu halten, um nur mal einige Beispiele zu nennen. Sie ist also wirklich wichtig für Hunde.

Früher hat man zum Beispiel beim Dobermann die Rute kupiert. Kaum war der kleine Welpe auf der Welt, wurde ihm ein Körperteil abgeschnitten. Heute ist das zum Glück verboten.

Krankheiten und Auffälligkeiten der Rute

Die Rute ist selten ein Grund, warum Menschen mit ihren Hunden einen Tierarzt aufsuchen, aber zwei mögliche Probleme will ich dir hier aufzeigen.

Die Wasserrute

Sie hat ihren Namen, weil sie oft dann entsteht, wenn ein Hund sich lange im meistens noch kalten Wasser aufhält. Er schwimmt viel, apportiert den Ball zigmal aus dem Wasser, alle haben Spaß. Aber abends dann hängt die Rute **steif** herunter, als wäre sie **gelähmt**. Der Hund scheint **Schmerzen** zu haben, er **vermeidet Bewegungen** und vor allem möchte er **auf keinen Fall sitzen**. Vielleicht möchte er nicht mal fressen.

Was genau bei einer Wasserrute passiert, ist noch nicht sicher erforscht; ich nenne es einen »tierischen Muskelkater«. Muskelkater kann richtig schlimm wehtun und tritt bei ungewohnter Beanspruchung der Muskeln auf.

Als Physiotherapeutin empfehle ich bei extremem Muskelkater **Wärme** und **leichte Bewegungen**. Das kann dem Hund auch guttun. Probiere es im Fall der Fälle aus, zum Beispiel mit einem warmen Körnerkissen. Wenn dein Hund es mag, kannst du ihn auch vorsichtig massieren.

So wie ein Muskelkater nach einigen Tagen wieder verschwindet, so verschwindet auch die Wasserrute in der Regel von selbst wieder. Sie ist keine bedrohliche Krankheit, aber sie tut dem Hund trotzdem sehr weh, und deswegen solltest du mit deinem Hund **zum Tierarzt fahren, wenn er eine Wasserrute oder einen Verdacht darauf hat**. Dieser kann ihm diese Zeit erleichtern, indem er ihm Schmerzmittel gibt.

Fallbeispiel: Kann eine Rute wirklich durchbrechen? Oder: »Der Fall Lucy«

Die Rute des Hundes ist wie eine Art verlängerte Wirbelsäule – und die kann natürlich bei einem Unfall schwer verletzt werden und brechen. Dass sie aber auch im ganz normalen Alltag brechen kann, habe ich vor vielen Jahren einmal selbst erlebt.

Eine Nachbarin von mir nahm ihren Hund immer mit, wenn sie in den Keller ging. So auch dieses Mal, als ich kurz nach ihr in den Keller musste. Auf einmal höre ich ihren Hund laut aufschreien. So laut und so verzweifelt, dass es mir

durch Mark und Bein ging. Ich rannte sofort los und schaute nach, was passiert war und ob ich helfen könnte. Und dann sah ich, was passiert war. Die schwere Kellertür war zugefallen und die Rute des Hundes steckte genau dazwischen.
Ich öffnete so schnell wie möglich die Tür. Die Rute des Hundes war in der Mitte leicht aufgeschürft, nicht weiter schlimm. Aber sie hatte auch einen deutlichen Knick und der Hund jammerte und jaulte und machte sogar unter sich. Das Frauchen dieses Hundes war mindestens so aufgelöst wie der Hund selbst und machte sich bittere Vorwürfe, nicht genug aufgepasst zu haben.
Ich habe Hund und Mensch sofort zum Tierarzt gefahren. So konnte das Frauchen sich um ihren Hund kümmern und ich mich auf den Autoverkehr konzentrieren. Dort wurde der Hund geröntgt, bekam Schmerzmittel und Medikamente zur Prophylaxe von Infektionen und leider eine positive Diagnose – die Rute war gebrochen. Allerdings hatten die beiden großes Glück im Unglück, denn nur ein Wirbelkörper war betroffen und so kamen die beiden nochmal mit einem Rutenverband davon.
Es hat lange gedauert, bis diese Verletzung wirklich geheilt ist, aber trotzdem hatten die beiden Glück im Unglück. Von diesem Tag an durfte der Hund nie wieder mit in den Keller.

Auf zum Tierarzt!

Wann du deinen Hund unbedingt zum Tierarzt bringen musst:

- Verdacht auf Wasserrute
- gebrochene Rute

Haut und Fell

Dieses Kapitel könnte eigentlich an jeder Stelle des Buches stehen, denn zumindest Haut gibt es ja überall am Hund. Sie ist genau genommen das größte Organ deines Hundes. Und sie ist einer der häufigsten Gründe für das Aufsuchen einer Tierarztpraxis. Kein Wunder, oder? Denn: Sie ist riesig, sie umgibt den gesamten Hund.

Allgemeine Infos zu Haut und Fell des Hundes

Die Haut muss mit allem aus der Umwelt klarkommen, muss die Umwelt verarbeiten, den eigenen Körper schützen und ihre inneren Arbeiten auch noch verrichten. Fell muss aus ihr herauswachsen, und zwar ordentlich und regelmäßig, sie muss einige Stoffe durchlassen und andere wiederum nicht.

Das können die anderen Organe nicht. Und weil die Haut so riesig und mit wichtigen Aufgaben betraut ist, hat sie auch die meisten Probleme.

Aber bevor wir uns diesen widmen, schauen wir sie uns doch mal ganz genau an. Wenn du eine Lupe hast, schnapp sie dir, und schnapp dir auch gleich deinen Hund. Macht es euch gemütlich, und dann grab dich durchs Fell, bis du auf die Haut stößt.

Rauhaardackel

Na ja, eigentlich kannst du dir das Fell gleich mit anschauen. Wie sieht es aus? Klar, erst mal hat es natürlich eine Farbe wie Schwarz, Weiß, Rot, Braun, es ist gesprenkelt, gepunktet, gestreift … Aber das Fell deines Hundes kann noch mehr.

Bobtail

Fellarten und Fellpflege

Es gibt drei Kategorien von Fell bei unseren Hunden:

1. Fell mit Unterwolle
2. Fell ohne Unterwolle
3. rauhaariges Fell

Hunde mit Unterwolle

Bei der ersten Kategorie, dem Fell mit Unterwolle, gibt es eine ganze Menge von weicheren **Wollhaaren**, die zusätzlich zum Haupthaar noch aus dem Follikel herauswachsen. Und diese vielen kleinen Wollhaare, die da noch mit rauswachsen, bilden die sogenannte Unterwolle.

Das feste Haupthaar ist fester, kräftiger und drahtiger als die Wollhaare und dient dem Schutz vor Umwelteinflüssen, dem Schietwetter und der Sonne. Es presst die Unterwolle an den Hundekörper und diese Formation sorgt für die Isolierung.

Alle nordischen Rassen wie der Husky und der Shiba Inu zum Beispiel, aber auch der Australian Shepherd, der Golden Retriever und der Collie, haben ganz viel von dieser Unterwolle. Auch viel mehr als ihr Urvater, der Wolf. Es geht also über ein »natürliches«, ursprüngliches Maß hinaus. Der Wolf hat es nicht nötig, er hat eben eine angepasste Menge an Unterwolle, unsere Hunde mit Unterwolle haben aber gleich so viel davon, dass regelmäßiges Bürsten nicht nur Erleichterung bereitet, sondern wirklich wichtig für sie ist. Also: Bürsten, bürsten, bürsten ist angesagt. Die Unterwolle stirbt im Laufe der Zeit ab und muss dann raus, damit die Haut atmen kann.

Hast du einen Hund mit dieser Menge an Unterwolle, **schere ihn bitte nicht**. Ja, deinem Hund ist mit dem dicken Pelz ganz bestimmt furchtbar warm im Sommer, aber nicht die Verkürzung des Fells verschafft ihm Kühlung, sondern vor allem das Hecheln ist sein Temperaturausgleich. Ein **Hitzestau** ist möglich mit all der Unterwolle, da hast du vollkommen recht. Aber das Dilemma am Scheren ist hier, dass die Unterwolle schneller wächst als das Deckhaar. Scherst du deinen Hund, wächst die Unterwolle also viel intensiver nach, das Deckhaar kommt nicht mit und geht unter all der Unterwolle unter. Das Deckhaar, das ja eigentlich dem Schutz deines Hundes dient, ist so in der Unterzahl, dass es seine Arbeit nicht mehr ausreichend verrichten kann.

Im schlimmsten Fall, bei sehr kurzem Scheren, hast du einen Hund, dessen Fell sich im Regen wie Watte vollsaugt und der somit schutzlos diesen Wetterverhältnissen ausgeliefert ist.

Hunde ohne Unterwolle

Dann gibt es Hunde ohne Unterwolle. Sie haben sozusagen **»Haare«** wie wir Menschen auch und gehören somit zur zweiten Kategorie. Mein Haar wächst wie Stroh. Kaum war ich beim Frisör, sprießt es auch schon wieder, und schwupps, kann ich schon wieder den nächsten Termin beim Frisör machen.

Bei unserer Havaneser-Malteser-Mix-Dame Küwi ist das ebenfalls so. Ihr Fell, ihr Haar, wächst und wächst, du kannst fast dabei zusehen. Ich habe keine Unterwolle und Küwi eben auch nicht. Und damit es nicht bis auf den Boden wächst und völlig verfilzt, muss es regelmäßig mindestens täglich gekämmt werden. Am Anfang haben wir sie täglich gebürstet, aber trotzdem gab es filzige Stellen, und so geht sie nun regelmäßig zum Frisör und hat einen feschen Kurzhaarschnitt.

Weitere Rassen mit »Haaren« sind unter anderem all die Pudelartigen, der Yorkshire Terrier, Havaneser, Bichon Frisee, Bologneser und der Bolonka. Bei all diesen Rassen ist der

Zyklus von Wachsen und Ausfallen deutlich langsamer als bei den anderen Rassen. Hier wachsen die Haare erst mal ganz lange, bevor sie ausfallen. Sie fallen nicht niemals aus, also auch ein Pudel haart, aber im Vergleich zu den anderen Rassen sehr viel langsamer beziehungsweise weniger.

Rauhaar-Hunde

Die dritte Kategorie sind die Rauhaarigen. Sie haben wie die erste Kategorie Deckhaar und Unterwolle, aber das **Deckhaar**, das nach einer bestimmten Zeit abstirbt, bleibt hier im Follikel stecken. Wenn das passiert, sieht dein Hund irgendwie zottelig aus, seine Farbe verändert sich und das Schlimmste ist: Es **juckt** fürchterlich. Für deinen Hund ist das überaus unangenehm.

Wenn du das bei deinem Hund feststellst, hilfst du ihm schon gut, wenn du ihn bürstest, aber das Bürsten alleine reicht leider nicht aus. Alle abgestorbenen Haare bekommst du nicht gepackt mit einer normalen Bürste. Deswegen muss es gezupft werden. Klingt irgendwie fies, oder? Ist es aber nicht, denn es ist ja längst »abgestorben«, also reif fürs **Zupfen**, und das tut deinem Hund eher gut, als dass es ziept. Dein Hund wird es genießen, dass dieses juckende Zeug endlich rauskommt, und seine Haut erfreut sich an der frischen Luft, die endlich wieder auch die Haut erreicht.

Ist das Scheren für die erste Kategorie schon ungünstig, so wäre es bei der dritten Kategorie – den Rauhaarigen – wirklich fatal. Denn das abgestorbene Haar bleibt ja trotzdem im Follikel stecken, da es ja nur gekürzt, aber nicht rausgezogen wird. Das frische Fell, welches rauskommen möchte, kann es nicht, weil das tote keinen Platz macht. Da ist also nichts mehr möglich in Sachen Schutzfunktion.

Zu den Rauhaarigen gehören zum Beispiel die Rauhaardackel, Schnauzer und die meisten Terrier-Rassen.

Das Zupfen ist allerdings echte Arbeit, bei einem großen Schnauzer kann das schon mal zwei Stunden dauern. Hier zolle ich den Frisören und auch den Hunden wirklich Respekt, denn es ist wirklich Arbeit. Für den Frisör ist es ein echtes Handwerk, für den Hund selbst nicht nur körperlich anstrengend, sondern auch mental. Deswegen ist es gut, wenn du mit deinem Hund »Frisör« übst.

Du kannst ihm zum Beispiel ein »Steh« beibringen und das zeitlich immer weiter verlängern. Und während er steht, spielst du den Frisör und kämmst ihn, bürstest ihn, zupfst mal hier und mal da. Damit erleichterst du sowohl dem Frisör als auch deinem Hund die Zeit der Fellpflege ganz erheblich. Denn stell dir mal vor, dein Hund hat Panik beim Frisör, wehrt sich, zappelt rum oder wird gar missmutig und aggressiv, das wäre eine schöne Bescherung, denn das alte Fell muss ja trotzdem raus.

Gut zu wissen: Kopplung bei Fellfarben

Die Farbe deines Hundes ist natürlich die schönste Farbe überhaupt, das ist klar. Aber die Farbe hat noch weitere Bedeutungen. Denn sie kann leider auch sogenannte **Kopplungen** mit sich bringen. Eine Kopplung bedeutet, dass mehrere Faktoren sich gegenseitig bedingen. Das wiederum bedeutet »in verständlich« zum Beispiel, dass die Gefahr der Taubheit bei weißen/hellen Hunden größer ist als bei Dunklen. Betroffen ist hier besonders der Dalmatiner, der überdurchschnittlich häufig taub zur Welt kommt, ebenso der weiße Boxer und die Doggen. Silberfarbene Hunde, wie der silberne Labrador und der Weimaraner, neigen häufiger zu Allergien.

Eine herausragende Farbkombination ist auch das **»Merle«**. Viele Australian Shepards, Collies, Doggen und sogar Dackel können beispielsweise diese Farbe aufweisen. Wunderschön und besonders, aber leider auch krankheitsbelastet. Und die Gefahr von Erkrankungen ist bei dieser Farbe so hoch, dass es verboten ist, zwei Merle-Hunde miteinander zu verpaaren. Tut man es dennoch, können bei den Welpen verschiedenste **Missbildungen** sowohl am Skelett als auch an den inneren Organen auftreten. Auch erleben sie ihren ersten Geburtstag häufig nicht, weil sie vorher sterben. Auch merlefarbene Hunde mit nur einem merlefarbenen Elternteil sind krankheitsgefährdet. Sie können zum Beispiel Probleme mit dem Hören oder dem Sehen haben.

Merlefarbener englischer Bulldoggen-Welpe

Die Hautschichten

Jetzt bist du auf dem Laufenden über die äußerste Schicht deines Hundes, das Fell. Nun dringen wir mal tiefer ein und graben uns weiter nach innen, zur Haut selbst. Wie sieht die Haut deines Hundes denn so aus? Rosa? Oder eher anthrazit? Trocken? Schuppig? Straff? Weich?

Mables Haut ist an manchen Stellen rosa, an anderen wiederum ganz dunkel, so richtig grau.

Die Haut ist nicht einfach eine Haut und fertig, sondern sie ist sehr raffiniert und effizient aufgebaut. Sie besteht aus verschiedenen Schichten und jede Schicht hat ihre ganz eigenen Aufgaben.

Die Hundehaut besteht – wie die Menschenhaut – aus **drei Schichten**:

1. der Oberhaut
2. der Lederhaut
3. der Unterhaut

Die Oberhaut

Ganz außen, die Haut, die wir sehen und anfassen können, ist die Oberhaut. Sie ist der Schutz zur Außenwelt, schützt deinen Hund nicht nur vor Hitze und Kälte, sondern auch vor Bakterien.

Sie erneuert sich regelmäßig, und ist sie gesund, arbeitet sie höchst effektiv. Nichts, was nicht rein soll, lässt sie rein. Aber auch nicht raus. Denn wäre sie einfach durchlässig, würde dein Hund vertrocknen. Du weißt sicher, dass wir alle zu einem großen Teil aus Flüssigkeit bestehen. Und dieses flüssige Milieu braucht unser Körper und der Körper deines Hundes, um effektiv arbeiten zu können. Und diese Oberhautschicht sorgt dafür, dass die Flüssigkeit auch in uns drinbleibt.

Außerdem befinden sich hier auch die Pigmente, die deinem Hund seine Farbe geben. Und hier befinden sich auch die bereits erwähnten Follikel (man könnte auch Einstülpungen zu ihnen sagen), aus denen die Fellhaare deines Hundes sprießen. Auf ein dickes Haupthaar kommen sechs bis zwölf weichere Unterwollhaare. So kannst du dir vielleicht noch besser vorstellen, dass die Unterwollhaare regelmäßig raus müssen, damit das eine, völlig in der Unterzahl befindliche Deckhaar arbeiten kann.

Die Lederhaut

Unter der Oberhaut befindet sich die zweite Schicht, die Lederhaut. Sie besteht aus dichtem und trotzdem sehr beweglichem Gewebe. Das macht sie elastisch und widerstandsfähig zugleich.

Hier befindet sich eine Menge wichtiger Dinge, zum Beispiel Blutgefäße und Nerven. Verletzt sich ein Hund, spürt er den Schmerz dank dieser Schicht, denn hier sitzen die Sensoren, die ihm den Schmerz anzeigen. Und wenn ein Hund blutet, dann sind es die Blutgefäße dieser Schicht, die zerstört sind.

Die Unterhaut

Die dritte Schicht ist die Unterhaut. Sie ist ganz locker, denn sie enthält ganz viele elastische Fasern, loses Bindegewebe und ganz viel Fett. Igitt? Nein, im Gegenteil, sehr wichtig. Denn genau dieses Fett schützt deinen Hund vor Stößen. Tobt er wild mit seinen Freunden, und es geht etwas ruppig zu, polstert diese Fettschicht und schützt deinen Hund vor Verletzungen.

Die Haut unserer Hunde ist genial, oder? Aber sie kann noch viel mehr, als unserem Hund Schmerz, Hitze und Kälte zu melden und davor zu schützen, Talg zu produzieren und Sekrete abzugeben. Sie kann nämlich auch kommunizieren.

Gut zu wissen: »Gänsehaut« beim Hund

Hast du schon mal Gänsehaut bekommen? Nicht, weil dir kalt war (dann auch), sondern weil du eine höchst intensive Situation erlebt hast? Eine Situation, die dir naheging?

Das passiert bei Hunden auch: Wenn sie unsicher sind, zum Beispiel in der Begegnung mit einem anderen Hund, dann stellen sich die Haare auf ihrem Rücken auf.

Früher hat man gedacht, sie können das bewusst tun, um sich größer zu machen und gefährlicher auszusehen. Heute weiß man, dass es unbewusst geschieht und ein Zeichen von Unsicherheit ist.

Schweißdrüsen

Wir Menschen haben jede Menge Schweißdrüsen und schwitzen ausgiebig im Sommer, beim Sport und in der Sauna und müffeln vor uns hin.

Bei Hunden ist das anders als bei uns Menschen. Hunde haben nur zwischen den Pfotenballen Schweißdrüsen, nicht über die Haut verteilt. Wenn ihnen heiß ist, schwitzen sie nicht, sondern hecheln. Das ist ihr **Temperaturausgleich**. Das Hecheln sorgt für Kühlung, aber trocknet auch aus.

Deswegen ist es so unglaublich wichtig, deinen Hund im Sommer nicht im Auto zu lassen. Dein Hund kann nicht einfach schwitzen, er hechelt und holt sich hierüber die Feuchtigkeit aus der Luft, um sich abzukühlen. Aber die Luft in einem heißen, geschlossenen Auto ist schnell verbraucht und dann wird das Auto zum tödlichen Backofen.

Ich habe es bereits selbst erlebt und das war schrecklich. Eine Freundin hatte ihre Hunde im geschlossenen Auto zurückgelassen. Es war ein sonniger Frühlingstag mit angenehmen Temperaturen. Dann kam der Notruf einer Nachbarin. Die Hunde haben glücklicherweise überlebt. Wir haben sie in den **Schatten** gebracht und ihnen **Wasser** gegeben, aber nur langsam, damit sie sich nicht übergeben. Außerdem haben wir sie **mit feuchten Decken gekühlt** und sind zum Tierarzt gefahren. Die Verzweiflung, Tränen und Selbstvorwürfe meiner Freundin werde ich nie vergessen. Also, bitte erspare deinem Hund und dir diese Erfahrung.

Krallen und Ballen

In der Medizin werden Ballen und Krallen in den Themenbereich Haut eingeordnet. Obwohl man ja einfach gucken kann, kursieren viele verschiedene Gerüchte über die Anzahl der Krallen und Ballen. Bevor du jetzt weiterliest, guck und zähl doch bei deinem Hund mal nach.

Ich zähle an Mables Vorderläufen fünf Ballen und fünf Krallen, jeweils eine Kralle ist am Vorderbein etwas erhöht, das ist übrigens die sogenannte Daumenkralle. Etwas erhöht befindet sich auch ein weiterer Ballen. An den Hinterläufen hat Mable ebenfalls fünf Ballen, aber nur vier Krallen.

Krallen

Vielleicht ist es bei deinem Hund genau gleich, vielleicht hat dein Hund aber auch an den Hinterläufen eine fünfte Kralle, das ist dann die sogenannte **Wolfskralle**, auch Afterkralle genannt. Diese Kralle hat nicht jeder Hund, und die Besitzer von Hunden mit Wolfskralle fragen sich oft, ob man sie entfernen sollte, da sie manchmal stört. Solange der Hund keine Probleme mit dieser Kralle hat, soll sie natürlich dranbleiben.

Die meisten Krallen »feilen« sich bei Hunden selbst ab. Die Hunde laufen täglich, oft auf hartem Boden und Beton, dadurch kürzen sich die Krallen von selbst. Daumen- und Wolfskralle aber befinden sich in erhöhter Position und können sich deswegen gar nicht ablaufen. Ein täglicher Blick auf Krallen und Ballen ist sinnvoll, und bei den erhöhten Krallen ist es außerdem sinnvoll zu fühlen, ob sie geschnitten werden müssen. Sie sollten auf keinen Fall so lang sein, dass sie den Hund selbst verletzen.

Beim Tierarztbesuch schaut auch der Tierarzt auf die Krallen und schneidet sie. Auch für Hundefrisöre ist das gewohnte Arbeit.

Wenn du es dir erklären und zeigen lässt und dich traust, kannst du bei deinem Hund die Krallen auch selber schneiden. Ich selbst könnte das bestimmt auch bei Mable, aber mir ist dennoch lieber, Tierärztin Steffi macht das bei Mable. Nicht auszudenken, wenn ich Mable bei der »Maniküre« verletzen und wehtun würde.

Du traust dich und schneidest deinem Hund die Krallen selbst? Bisher ist noch nie was passiert? Super! Wenn es doch mal blutet, dann drücke sie gegen ein Stück Seife. Das stoppt die Blutung auf »saubere« Art und Weise.

Ballen

Die Ballen fühlen sich wie kleine Polster an, und das sind sie auch. Sie bestehen hauptsächlich aus Hornhaut und Fett. Sie sind zwar robust, dienen sie ja dem Hund als eine Art Schuh, der Stöße auffangen und vor Verletzungen schützen muss, aber trotzdem sind sie ganz weich, wenn man draufdrückt, eben wie ein Polster.

Sie können aber noch mehr, sie dienen dem Hund nämlich auch als **eine Art Sinnesorgan**, indem sie Informationen über Temperatur und Bodenbeschaffenheit aufnehmen und in Windeseile an die Schaltzentrale Gehirn weitergeben, sodass der Hund blitzschnell reagieren kann.

Und sie können noch mehr, nämlich schwitzen. In den Ballen sitzen Schweißdrüsen, die die ganz individuelle, persönliche Duftmarke des Hundes freigeben. Das ist auch ein Grund, warum Hunde nach der Verrichtung ihrer Geschäfte noch zusätzlich scharren. So können sie ihren Duft noch stärker betonen und verbreiten.

Krankheiten und Auffälligkeiten der Haut und des Fells beim Hund

Ein Fall aus meinem Training:
Klara, Havaneser-Malteser-Mix-Dame

Klara, eine Havaneser-Malteser-Mix-Dame, ist ein Sonnenschein und eine »Duracell«: Sie geht nicht auf ihre Decke, sondern rennt im Jagdgalopp hin und springt dann in hohem Bogen hinein. Wenn Besuch kommt, ist sie in hellem Aufruhr, und der Besuch ist es auch, denn alle sind sofort in sie verliebt. Jeder möchte sie auf den Schoß nehmen, und Klara genießt diese Aufmerksamkeit und die Nähe zu den Menschen sehr. Sie darf bei Frauchen mit ins Bett und Frauchen kuschelt und krault sie ebenfalls auf dem Sofa beim Fernsehengucken gerne und viel.
Falsch. Sie krault nicht, sondern kraulte. Vergangenheit!
Denn was sich so herzlich anhört, bedeutete für Klara Stress. Sie genoss es, der Stressmoment an sich war also nicht negativ, sondern im Gegenteil supertoll. Aber es war einfach zu viel. Sowieso schon eine Duracell drehte sie bei Aufmerksamkeit noch mehr auf und noch mehr und noch mehr. Und dann musste sie die viele Energie wieder loswerden, und das tat sie über Kratzen und Schütteln. Eigentlich voll schön, aber auch einfach zu viel des Guten.

Klara begrüßt den Besuch heute nicht mehr. Stattdessen bleibt sie auf ihrer Decke und ist dabei sogar ganz gechillt. Sie weiß: »Och, das geht mich gar nichts an.« Und dreht sich gemütlich auf die Seite und döst vor sich hin. Bleibt der Besuch länger, darf sie Hallo sagen und auch mal auf den Schoß, wenn es gerade passt. Sie liegt weiterhin mit Frauchen auf dem Sofa und im Bett, und die zwei schlafen Popo an Popo, aber gestreichelt wird sie dort nur noch ganz dosiert. Durch diese Veränderungen überdreht sie nicht mehr. Ihr Energielevel ist auf einem normalen Maß und die Kratzerei ist vorbei.

Neben solch stressbedingten Hautreizungen gibt es natürlich auch eine ganze Reihe an manifesten Hauterkrankungen, die wir uns in den folgenden Abschnitten im Einzelnen genauer ansehen werden.

Ektoparasiten

Die Haut hat manchmal auch unerwünschte Mitbewohner, die sogenannten Ektoparasiten.

Flöhe

Der Berühmteste von ihnen ist sicher der Floh. Er sitzt auf der Haut und saugt munter das Blut des Vierbeiners. Diese Mitbewohner sind äußerst unerwünscht, denn ihre Saugerei sorgt für einen fiesen **Juckreiz**. Der Hund ist ihr gedeckter Tisch, sie leben allerdings überall, vor allem dort, wo es uns Menschen auch gefällt, zum Beispiel in Betten und auf dem Sofa, Teppiche sind auch schön kuschelig.

Milben

Weitere Parasiten sind die Milben. Sie sitzen an verschiedenen Stellen der Haut und auch sie können für Juckreiz sorgen.

Die sogenannte **Grabmilbe** hat ihren Namen bekommen, weil sie sich tatsächlich in die Haut eingräbt. Sie überträgt die **Räude**, eine Erkrankung, die für **hochgradigen Juckreiz, Haarausfall und Hautentzündungen** sorgt – und auch **hochansteckend für uns Men-**

schen ist. Gibt es bei einem Hund den Verdacht auf Räude, kann das Reiben an seinem Ohr einen Hinweis geben, denn typischerweise kratzt sich ein Hund dann reflexartig mit. Und dieser Reflex heißt **Pinnal-Pedal-Reflex**.

Die Haarbalgmilbe, die **Demodexmilbe**, lebt am Haarbalg und knabbert auch an diesem herum. Dadurch, dass an den Haarwurzeln herumgenagt wird, **fallen die Haare aus**. Das verrät die Milbe, manchmal auch schon, bevor es den Hund juckt. Also, erst fallen die Haare aus, und der Hundebesitzer wundert sich darüber, dann erst folgt das Jucken.

Läuse gibt es beim Hund so selten, dass wir uns ihre genauere Beschreibung hier sparen.

Zecken

Wer uns allen da aber sicher auch sofort in den Sinn kommt, ist die Zecke. Als kleines Tierchen finde ich sie tatsächlich zumindest farblich gesehen noch ganz hübsch. Vollgesaugt mit dem Blut des Hundes ist sie allerdings nicht nur unangenehm und sogar gefährlich, sondern auch sehr, sehr hässlich.

Sie sitzt vor allem in Gräsern und wartet darauf, abgestrichen zu werden. Läuft ein Hund durchs Gras, streift er natürlich so manchen Grashalm. Das nutzt die Zecke – und schwupps, sitzt sie auf dem Hund. Dort arbeitet sie sich am liebsten in die warmen Regionen vor wie zum Beispiel in die Achselhöhlen und in den Bauch. Die Zecke selbst ist nicht gefährlich, aber sie kann verschiedene **Krankheitserreger übertragen** wie zum Beispiel Babesien. **Babesien** sind Parasiten, die vor allem die roten Blutkörperchen des Hundes schädigen, was lebensbedrohlich werden kann. Deswegen ist eine Zeckenprophylaxe sinnvoll und Zecken sollten auch zügig entfernt werden.

Gut zu wissen: Wie entfernt man eine Zecke?

Nach dem Hundespaziergang ist es sinnvoll, seinen Hund nach Zecken abzusuchen. Findet man welche und möchte sie entfernen, ist die Frage wie.

Hier gibt es die wildesten Gerüchte wie zum Beispiel Öl drauftäufeln. Aber es soll nichts auf die Zecke drauf, sondern die Zecke selbst soll runter, und das so schnell wie möglich.

Am einfachsten geht das mit einer **Zeckenzange**. Man nimmt die Zecke im wahrsten Sinne des Wortes in die Zange und dreht sie heraus. Wie eine Schraube herausgedreht wird, so wird auch eine Zecke herausgedreht, nicht einfach gezogen. Pack das Biest so nah wie möglich an der Haut deines Hundes, und dann drehst du es heraus, ohne zu ziehen. Einfach nur drehen. Sollte ein Stück Zecke stecken bleiben, dann versuch, dieses Stück zu entfernen. Wenn das nicht klappt, geh am besten zum Tierarzt, denn es kann sich sonst entzünden. Und damit dein Hund auch stillhält und du die Zecke in Ruhe rausdrehen kannst, übt es gemeinsam. Da sind wir wieder beim Thema »pflegende Dominanz«. Kuscheln, Zähne gucken, kuscheln, eine Luftzecke entfernen, kuscheln, Ohren gucken usw.

Symptome

Das auffälligste Symptom für Hautprobleme des Hundes ist das **Jucken**: Der Hund kratzt und kratzt sich. Außerdem lecken sich Hunde dann auch vermehrt, schubbern sich ständig mit der Schnauze oder dem Rücken auf dem Boden herum und sind eventuell auch insgesamt sehr unruhig.

Ich selbst nenne es »unleidig«, alles ist irgendwie doof, wenn es überall so juckt. Der Hund kann also auch zickiger sein als sonst, weniger Geduld haben. Ich kenne das auch von mir, als ehemalige Neurodermitis-Patientin. Bei einem Schub, verbunden mit diesem ständigen Jucken, hatte ich verdammt schlechte Laune und war bestimmt ziemlich zickig. Wenn dein Hund diese Symptome zeigt, untersuche ihn mal genauer. Sind irgendwo verschorfte Stellen, ist sein Fell irgendwo dünner oder fehlt es vielleicht ganz?

Was tun gegen Ektoparasiten?

Wenn man auf Nummer sicher gehen möchte, dass der Hund diese lästigen Mitbewohner gar nicht erst bekommt, kann man **prophylaktische Mittel** einsetzen. Es gibt Halsbänder, Tropfen und Medikamente zum Fressen, um sich diese Schmarotzer vom Leib zu halten. Einige Hunde haben wirklich Last mit diesen unliebsamen Gästen. Sie sind sicherlich gut beraten mit den prophylaktischen Mitteln. Es gibt aber auch Hunde, die die Parasiten nicht anziehen, dann kann man auf diese Mittel verzichten.

Meine Goldie-Dame Mable ist vor allem bei Zecken sehr beliebt. Zum Glück sehe ich diese auf ihrem weißen Fell sehr gut und kann sie entfernen, zusätzlich aber schütze ich Mable davor. Wir zwei sind so viel draußen und auch überall, im Wald, zwischen den Feldern, an Seen und Flüssen, da finde ich eine ordentliche Prophylaxe schon sehr sinnvoll, denn die Parasiten sorgen ja nicht nur für Juckreiz, sondern können auch schwerwiegende und gar lebensbedrohliche Krankheiten übertragen.

Wer auf pflanzliche Mittel zurückgreifen möchte, sollte sich vorher darüber gut informieren. Denn es gibt zwar rein pflanzliche Mittel, die aber dennoch negative Auswirkungen auf die Gesundheit des Hundes haben. So zum Beispiel das Schwarzkümmelöl, das die Leber schädigen kann. Wie immer ist der Gang zum Tierarzt das Beste.

Wenn du dann beim Tierarzt bist, wird er dir einige Fragen stellen, um die Ursache herauszufinden: Seit wann hat der Hund das? Wie hat es sich verändert? Hat der Hund anderes Futter bekommen? Juckt es im Sommer oder Winter stärker? Warst du mit dem Hund im Urlaub? Hat ein Familienmitglied auch Hautveränderungen? (Dann könnten es zum Beispiel Flohbisse sein oder ein Hautpilz.)

Nachdem der Tierarzt den Menschen mit Fragen gelöchert hat, untersucht er den Hund genauer, schaut sich die Haut beziehungsweise die betroffenen Stellen genauer an, kämmt mit dem Flohkamm verschiedene Stellen durch oder nimmt gar Proben der Haut, um sich diese unter dem Mikroskop genauer anzusehen. Je nach Diagnose wird er dann eine Behandlung verordnen.

Allergien

Es gibt **drei große Gruppen** von Allergien:

1. die Flohspeichelallergie,
2. die Futtermittelunverträglichkeit und
3. die größte Gruppe: Allergene der Umwelt.

Flohspeichelallergie

Hattest du schon mal Flohbisse? Hui, die können zwischendurch jucken wie verrückt. Wenn man sie sich nicht aufkratzt, passiert aber sonst nichts weiter. Das ist bei Hunden genauso. Flohbisse können wie verrückt jucken und bei einem Flohbefall kratzen die Hunde dann natürlich. Die Plagegeister sind lästig und unerwünscht. Aber wenn ein Hund eine Allergie gegen den Speichel hat, dann genügt ein einziger Flohbiss, und es juckt den Hund schon dieser eine Biss wie verrückt.

Ein typisches Symptom für Flohbiss ist also **heftiger Juckreiz**. Meist juckt es den Hund am Rücken, und dort vor allem eher im hinteren Bereich. Oft gibt es auch **»Juck-Hot-Spots«** (siehe auch weiter unten) – örtlich begrenzte Bereiche, an denen es so stark juckt, dass sich der Hund dort blutig kratzt und die sich dann entzünden können, meist am Hals.

Die beste Therapie ist hier die **Prophylaxe**, denn wenn der Hund keine Flohbisse hat, kann er auch nicht allergisch auf deren Spucke reagieren.

Futtermittelunverträglichkeiten

Die Ursache für eine Futtermittelallergie herauszufinden, ist wirklich schwierig. Darüber haben wir im Kapitel »Der Magen-Darm-Trakt« schon gesprochen.

Symptome sind hier in erster Linie ein starker Juckreiz, aber auch Magen-Darm-Probleme wie Durchfall und Erbrechen sowie Ohrentzündungen.

Das Mittel der Wahl ist eine **Ausschlussdiät**, sprich über mindestens sechs bis acht Wochen nur eine Eiweißquelle füttern und gucken, ob Besserung eintritt, sprich die Symptome weniger werden. Im besten Fall ist es mit der neuen Eiweißquelle weg. Das provoziert man, man will ja wissen, welches Futtermittel, welches Lebensmittel es nun ist. Geht der Juckreiz nun wieder los, verträgt der Hund dieses Lebensmittel nicht.

Diese Eliminationsdiät muss wirklich zu 100 Prozent konsequent durchgeführt werden, damit man eine sichere Aussage treffen kann. Das ist mitunter langwierig, anstrengend und selbst bei totaler Konsequenz findet man nicht immer die Ursache heraus.

Dann bleibt noch die Möglichkeit, **hydrolisiertes Futter** zu füttern. Bei diesem Futter ist die Eiweißquelle so klein aufgespalten, dass das Immunsystem des Hundes sie nicht mehr als Allergen erkennt. Wenn ein Futtersack länger offen steht, können sich dort Milben einnisten, erst recht, wenn das Futter feucht wird. Deswegen sollte man es an einem trockenen Ort aufbewahren.

Manchmal ist die Umstellung auf **Feuchtfutter** auch die Lösung. Oder **selber kochen**, denn dann kann der Mensch selbst individuell ganz genau bestimmen, was ins Futter reinkommt. Hier wird eine sichere Eiweißquelle ausgewählt und dazu ebenfalls eine Kohlenhydratquelle, die der Hund verträgt. Allergologen schlagen oft Pferd und Pastinake vor.

Wenn dein Hund betroffen ist, besprich dich am besten in Ruhe mit deinem Tierarzt. Vielleicht kann dieser dir einen Allergologen oder einen Ernährungsexperten für Hunde empfehlen.

Umweltallergene

Hier wird nochmal zwischen den saisonalen und asaisonalen Allergenen unterschieden.

Die **saisonalen** haben, wie ihr Name schon sagt, ihren saisonalen Auftritt. Wie die Birke zum Beispiel bei einigen Menschen Symptome auslöst, wenn sie blüht, und danach sind die Symptome auch wieder weg, so kann es dem Hund auch mit saisonalen Pflanzen ergehen. Wenn der Hund sich also immer im Frühling besonders viel leckt und schubbert und wälzt, dann kann es an den Frühlingsblühern liegen.

Die **asaisonalen** Auslöser sind immer da, das sind zum Beispiel Hausstaubmilben, Futtermilben oder auch Schimmel im Haus, dann lösen die Schimmelpilzsporen die allergischen Reaktionen aus.

Die allergiegeplagten Hunde reagieren mit Juckreiz, Ohrentzündungen und Atemwegsproblemen wie Niesen und Ausfluss aus Nase und Augen.

Diagnose

Wie soll der Tierarzt das nun alles unterscheiden und eine sichere Diagnose stellen? Das ist in der Tat sehr schwierig. Bei der ersten Betrachtung stehen ihm einige Hinweise zur Verfügung. Sie sind keine sichere Diagnose, denn Medizin ist ja, wie wir wissen, keine Mathematik.

Hat der Hund zum Beispiel häufig Ohrenentzündungen, so wie Mable es damals hatte, dann deutet es eher auf eine Futtermittelunverträglichkeit hin. Kratzt der Hund sich nur in bestimmten Jahreszeiten, deutet es auf eine saisonale Allergie hin. Typische Kratzstellen sind die Pfoten, Achselhöhlen, der Bauch und manchmal auch die Schnauze. Wenn der Hund sich das ganze Jahr über kratzt, dann können asaisonale Allergene der Auslöser sein, aber auch eine Futtermittelunverträglichkeit. Deswegen steht zur Klärung die **Eliminationsdiät** an erster Stelle. Bringt sie kein Ergebnis, bleiben als Ursache nur noch die Umweltallergene übrig.

Möchte man nun sichergehen, ist ein **Bluttest** der nächste Schritt. Er dient nicht zur Diagnosestellung, die wurde ja vorher schon gestellt, sondern anhand des Tests findet man heraus, welche **Immuntherapie** die richtige ist. Denn Hunde mit einer Futtermittelunverträglichkeit reagieren häufig in diesem Test bei der Hausstaubmilbe. Würde man also als Erstes diesen Bluttest machen, wird man ja nicht wirklich schlau daraus. Deswegen ist die Reihenfolge erst die Diät, dann der Bluttest.

Was kann man tun, um dem Hund zu helfen?

Bei einer **Immuntherapie** gibt man dem Hund die Pflanzen, bei denen er im Test reagiert hat, in ganz geringer Dosierung. Nehmen wir dazu mal das Beispiel Birke. Eine Birkenblüte ist eigentlich ungefährlich. Das Immunsystem des Hundes aber schlägt Alarm. Gibt man dem Hund nun Birke in sehr niedriger Dosierung, zeigt man dem Körper sozusagen damit: »Du, schau mal. So schlimm ist die Birke doch gar nicht.« Man gewöhnt den Körper an die Birke. Ein ganz kleines bisschen davon, dann sagt er: »Hm, na ja, so ein bisschen werde ich wohl verkraften. Da brauche ich keinen Alarm zu schlagen.« Wenn das klappt, bekommt er ein bisschen mehr Birke. Wenn das klappt, noch ein bisschen mehr, und das immer so weiter, bis das Abwehrsystem sagt: »Okay, verstanden. Birke ist gar nicht schlimm, sondern total harmlos.« Man sagt dazu auch, man **desensibilisiert** den Körper.

Diese Therapie kann helfen oder zumindest unterstützen, außerdem gibt es auch noch unterstützende **Medikamente**. Zusätzlich kann man seinen Hund im Alltag auch unterstützen, zum Beispiel häufiger saugen oder eine antiallergene Hundedecke besorgen.

Hellere Hunde sind von Allergien häufiger betroffen als dunkle, betroffene Rassen sind vor allem der Golden und Labrador Retriever und die französische Bulldogge. Früher stand hier der West Highland Terrier an erster Stelle, inzwischen ist er aber von den anderen überholt worden.

Die Anzahl der von Allergien betroffenen Hunde ist gestiegen. Woran das liegt, unterliegt Spekulationen. Manche sagen, es liegt am industriell gefertigten Hundefutter, manche sagen, es liegt an der zunehmend stärker verschmutzten Umwelt, wiederum andere führen Stress an, weil »Hunde« heutzutage so viele Hobbys haben und bei allen funktionieren, die Meisterschaften gewinnen müssen. Wirklich wissen tut es niemand.

Steffi und ich fragen uns auch, ob es wirklich mehr geworden ist oder ob wir Menschen einfach mehr wissen, genauer hinsehen, uns mehr kümmern, aufmerksamer sind. Wenn ich an das Hundetraining in meinen Anfangszeiten denke, vor über 20 Jahren, da war ein Hund ein Hund, und wenn er an der Leine zerrte, wurde er zurückgeruckt. »Ein Hund lernt über Schmerz und Nichtschmerz«, waren häufige Aussagen. Heute weiß man zum Glück so viel mehr über Hunde, deren Kommunikation und eben auch ihre Gesundheit. Ich hoffe außerdem sehr, dass Züchter ihre allergischen Hunde aus der Zucht ausschließen. Für die Züchter ist es sonst zwar kurzfristig gut verdientes Geld, aber die Hunde leiden unter ihren Allergien, diesem ewigen Jucken, den Entzündungen.

Hotspot

Der Hotspot ist eine **oberflächliche Hautentzündung**, hervorgerufen durch irgendeinen Insult. Das kann ein kleiner Insektenstich sein, eine aufgekratzte kleine Wunde, eben irgendeine kleine offene Stelle, die sich entzündet.

Bakterien geraten in diese oberflächliche Hautschicht, die **Haut rötet sich**, dieser rote Fleck breitet sich in verschiedenen Ausmaßen aus. Es kann bei einer kleinen entzündeten Minirötung bleiben, sich aber auch sehr weit ausweiten.

Hotspots können weh tun, deswegen sollten sie behandelt werden. Der Tierarzt rasiert an dieser Stelle das Fell weg und behandelt die entzündete Stelle lokal – außer, der Hotspot wird erst so spät behandelt, dass er bereits eitert. Dann bedarf es auch medikamentöser Behandlung, aber das ist zum Glück die seltenere Variante, so genügt zum Glück meist Sauberhalten, Abwaschen und Eincremen.

Lipome

Ein Lipom ist eine Art »Fettgeschwür«, abgekapseltes Fett, ein **gutartiger Tumor**. Es sieht aus wie eine Beule. Häufig sind es »Altersbeulen«, sie treten also erst im höheren Alter des Hundes auf. Ich habe sie schon in verschiedensten Ausprägungen gesehen, von kleinen Hubbeln bis zu tischtennisballgroßen Ausprägungen.

Sie sind weich und tun dem Hund nicht weh. Deswegen ist auch erst mal nicht nötig, sie herauszuoperieren. Erst wenn sie so groß werden, dass sie den Hund stören, oder wenn sie sich an einer sehr unangenehmen Stelle befinden, wie zum Beispiel der Achselhöhle, dann ist eine OP sinnvoll.

Also gilt hier: Erst mal abwarten, ob es größer wird, oder wenn aus anderen Gründen eine OP ansteht, dann kann man das Lipom gleich mitentfernen.

Ein Lipom ist wie gesagt meistens harmlos, gutartig und unproblematisch. Außer es handelt sich um eine Sonderform, das **infiltrative Lipom**. Dieses Lipom wächst invasiv, das heißt, dass es in das umliegende Gewebe hineinwächst, und das schnell. Hier muss operiert werden, denn das ist sehr fies und unangenehm für den Hund, und bevor es zu größeren Schäden kommt, wird der Tierarzt es entfernen.

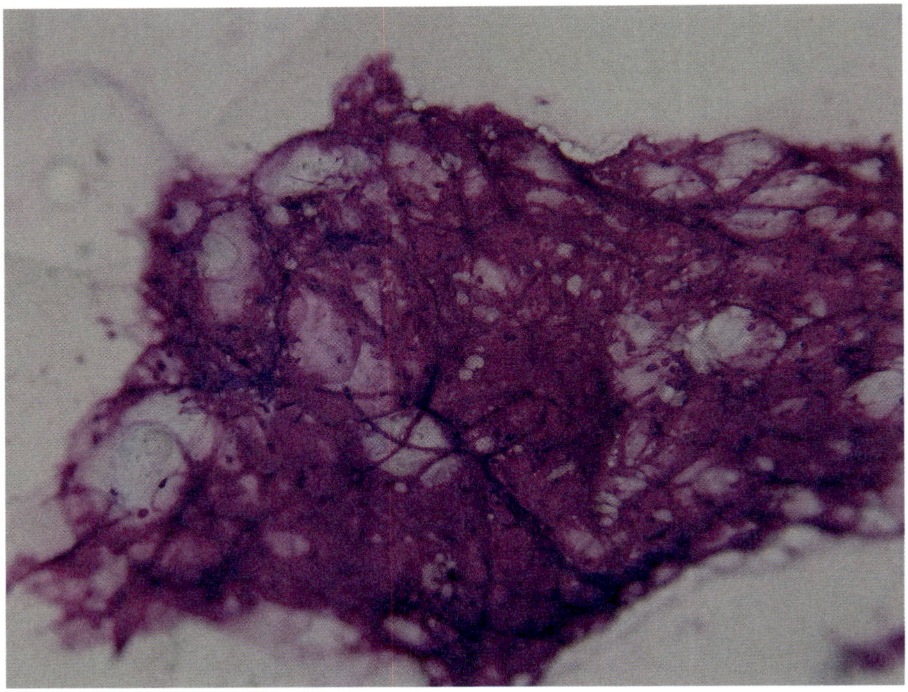

Lipom

Insektenstiche

Insektenstiche, besonders von Wespen und Bienen, sind sehr gefürchtet. Die Angst ist groß, dass der Hund nach einer Wespe schnappt, diese dann tatsächlich in seinem Maul landet und ihn dann von innen sticht und der Hund zu ersticken droht. Das passiert zum Glück extrem selten. Viel häufiger sticht eine Wespe oder Biene von außen zu, und auch wenn so ein Stich sehr stark anschwellen kann und das dann wirklich gruselig aussieht, ist das nicht lebensbedrohlich.

Nehmen wir mal an, dein Hund tritt in eine Biene und wird gestochen. Es kann sein, dass er kurz aufjault, aber selbst wenn nicht, wird ihm der Stich weh tun und er wird **humpeln**, daran **lecken** oder **nagen**, denn er will dieses unangenehme Gefühl loswerden.

Du hast gesehen, was passiert ist und möchtest deinem Schatz nun helfen? Schau dir die Stelle erst mal genauer an. Sitzt der Stachel noch drin? Schwillt die Stelle stark an? Wenn ein Stachel drinsitzt, muss er raus. Wenn du dir nicht sicher bist, wie du ihn rausbekommen sollst, lass das den Tierarzt machen. Er wird den Stachel in Ruhe rausziehen und falls nötig deinem Hund Medikamente geben, zum Beispiel gegen Schmerzen oder die Schwellung.

Ist der Stich im Gesichtsbereich oder ist es leider nicht nur einer, sondern ganz viele, weil dein Hund ein ganzes Wespennest aufgescheucht hat, dann würde ich persönlich auf jeden Fall einen Tierarzt aufsuchen.

Wenn dein Hund allerdings ein deutliches Unwohlsein zeigt oder gar Atemnot bekommt, dann kann das eine allergische Reaktion sein. Dann solltest du unbedingt sofort den Tierarzt aufsuchen.

Verletzungen der Ballen

So robust die Ballen auch sind – unverwundbar sind sie nicht. Liegen Scherben auf dem Boden oder anderer scharfkantiger Müll, kann es zu Schnittverletzungen kommen. Im Winter bei Schnee setzt ihnen das Streusalz mächtig zu und reizt die Pfoten, und wenn Allergiesaison ist, dann können die Hundepfoten ebenfalls betroffen sein.

Deswegen ist nicht nur ein täglicher Blick auf die Hundepfoten sinnvoll, sondern auch das Waschen der Pfoten kann zumindest zu speziellen Zeiten sehr sinnvoll sein.

Wenn dein Hund mit Freude in einen Bach gesprungen ist, aber leider mit blutender Pfote wieder herauskommt, dann ist guter Rat teuer. Bleib erst mal ruhig und schau in Ruhe nach, denn oftmals sieht eine Verletzung im ersten Moment schlimmer aus, als sie es dann wirklich ist. Wenn du feststellst, dass ein **riesiger Schnitt im Ballen ist, dann solltest du sofort zum Tierarzt fahren.** Ist der Schnitt aber nur klein, dann säubere die Wunde, desinfiziere sie mit einem Mittel aus deiner Hunde-Hausapotheke (siehe erstes Kapitel) und schütze die Pfote mit einem Pfotenschuh oder zum Beispiel einer deiner Socken.

Meiner Erfahrung nach heilen Schnittverletzungen der Ballen sehr schnell. Wenn das bei deinem Hund aber nicht der Fall sein sollte und es nach zwei bis drei Tagen nicht deutlich besser geworden ist, dann solltest du den Tierarzt aufsuchen, denn dann könnte sich die Wunde entzündet haben.

Der Tierarzt wird die Wunde reinigen und gegebenenfalls nähen. Ist eine Naht nicht notwendig, sollte die Wunder aber weiterhin regelmäßig gesäubert werden und ein Verband kommt drauf, der automatisch regelmäßig mitgewechselt wird, wenn du oder der Tierarzt die Wunde reinigt. Ist die Wunde stark entzündet, kann die Gabe eines Antibiotikums zusätzlich noch sinnvoll sein.

Krallenabriss

Wenn Hundekrallen zu lang sind oder der Hund einfach irgendwo hängen bleibt, zum Beispiel in einem Stacheldraht, der auf dem Boden liegt, dann können die Krallen ein- oder sogar abreißen.

Manchmal hängt die Kralle auch noch »am seidenen Faden«, ist also irgendwie noch dran. Bitte reiß nicht selbst daran, sondern fahre mit deinem Hund zum Tierarzt. Dieser wird sie dann, wenn nötig und sinnvoll, entfernen. Ab- und eingerissene Krallen bluten meist sehr stark; das lässt die Verletzung dramatisch wirken, weil die Menschen oft große Sorge um ihren Hund haben.

Der Tierarzt entfernt, je nach Größe der Verletzung, einen Teil oder die ganze Kralle. Eine Kralle wächst nach, aber das dauert einige Monate. In dieser Zeit bekommt der Hund erst mal einen Verband und Salbe, später dann gegebenenfalls noch einen Schutz, zum Beispiel eine Socke oder einen Pfotenschuh.

Bissverletzungen

Da Bissverletzungen leider nicht selten sind, gehe ich in diesem Kapitel darauf ein.

Wenn ein Hund von einem (oder schlimmer mehreren) anderen Hund gebissen wird, ist das für alle Beteiligten ein extrem stressiger, schlimmer Moment. Bei Bissverletzungen solltest du immer mit deinem Hund zum Tierarzt fahren.

Fallbeispiel: Candy, Hovawart-Dame

Meine Hovawart-Dame Candy, meine erste hündische Begleiterin, wurde einmal von einer Pinscher-Mix-Dame gebissen. Besagte Dame wollte Candy nur sagen: »Lass mich in Ruhe. Ich habe jetzt gerade keine Lust auf dich.« Und hat einmal kurz zugeschnappt. Candy hat aufgejault, ich habe nachgesehen, aber in dem dichten schwarzen Fell nichts entdeckt. Wir sind weiter spazieren gegangen, und ich habe noch gedacht »Man, stellt Candy sich an, so ein Weichei«, denn sie hat immer wieder etwas gejammert.

Wieder zu Hause habe ich dann gesehen, warum. Von wegen Weichei. Sie hatte eine tiefe, klaffende Wunde. Und nicht nur, weil die Wunde klaffte und groß war, sondern auch weil Hundebisse sich gerne entzünden, bin ich auf zum Tierarzt, besser gesagt zur Tierärztin, denn genau das Frauchen dieser Pinscherhündin ist glücklicherweise Tierärztin. Sie hat sich die Wunde sehr genau angesehen, gesäubert, desinfiziert und genäht.

Candys Wunde war im Schulterbereich, eine typische Region für Hundebisse. Das ergibt auch Sinn, den Gesichter sind der Hauptort der gegenseitigen Kommunikation. Man schaut sich in die Augen, schnauzt sich von Angesicht zu Angesicht an und dreht sich ja nicht extra zum Hinterteil, um dort in den Po zu beißen, sondern es muss schnell gehen, und da nimmt der Hund die kürzeste Entfernung – und die ist dann auch im vorderen Bereich.

Auch wenn Candys Wunde nur klein gewesen wäre, wäre ich zu meiner tierärztlichen Freundin gefahren, denn Hundebisse sind tückisch. Sie sehen unscheinbar aus, aber der Speichel der Hunde enthält viele Bakterien, und somit können sich die Wunden oft und schnell entzünden, wenn sie nicht ausreichend gesäubert und desinfiziert werden. Außerdem sieht man nicht, wie tief sich die Zähne in die Haut des anderen Hundes reingebohrt haben. Es sieht aus wie ein kleines Loch, doch man sieht nicht, wie tief die Wunde ist; wenn das »kleine Loch« wieder zuwächst, ist im Inneren trotzdem noch eine große Wundhöhle. Und die entzündet sich dann gegebenenfalls fürchterlich.

Ich hoffe sehr, dass dein Hund niemals gebissen wird, aber wenn doch, geh lieber kein Risiko ein und lass den Tierarzt draufschauen.

Systemische lupoide Onichodystrophie (SOD)

Was für ein Name! Dahinter verbirgt sich eine mysteriöse Erkrankung. Es handelt sich um eine Autoimmunerkrankung, bei der sich der Körper des Hundes gegen die eigenen Zellen im Krallenbett richtet. Die Folge davon ist ein »Ausschuhen« der Krallen. Es kann sein, dass die **Krallen** nur noch lose in ihrem Krallenbett sitzen oder gar ganz **ausfallen**, zurück bleibt dann nur noch eine leere Hülle, eine leere Kralle sozusagen.

Das klingt gruselig, oder? Finde ich auch, deswegen sollte dein Hund damit **unbedingt zum Tierarzt gebracht werden**. Dieser gibt ihm hoch dosierte Fettsäuren, gegebenenfalls ein Antibiotikum, und zusätzlich kannst du ihn mit pflegenden Bädern unterstützen.

Auf zum Tierarzt!

Wann du deinen Hund unbedingt zum Tierarzt bringen musst:

- akuter Juckreiz
- akuter Hautausschlag
- Hautausschlag mit Fieber
- schwere Verletzungen

Der Bewegungsapparat

Der Bewegungsapparat des Hundes verdient ein eigenes Buch, wenn nicht sogar ganz viele. Er umfasst den gesamten Hund und besteht aus einem sagenhaft aufgebauten, effektiven und komplizierten System. Wenn wir dieses Thema hier genauer betrachten wollten, würde das den Rahmen dieses Buches sprengen.

Aber da ich selbst Physiotherapeutin bin, will ich dir dieses aufregende Thema nicht ganz vorenthalten. Wir schauen es uns also mal grob an.

Golden Retriever Mable beim Spielen

Allgemeine Infos zum Bewegungsapparat des Hundes

Der Bewegungsapparat besteht aus einem aktiven und einem passiven Teil.

Der **aktive Teil** ist der Teil, der für die Bewegung sorgt beziehungsweise sich aktiv bewegt. Hierzu zählen Muskeln, Sehnen und Bänder, die sogenannten Ligamente.

Der **passive Teil** bewegt sich nicht, verändert also nicht seine Lage oder seine Form. Hierzu gehören die Knochen und die Gelenke als Ganzes. Ein Muskel kann sich verkürzen, ein Knochen kann das nicht. Einen Muskel kann man auch dehnen, also in die Länge ziehen, das kann ein Knochen ebenfalls nicht, dieser ist eben da, wo er ist, und so, wie er ist. Bei einem Knochen arbeitet es vor allem im Inneren.

Man kann sagen, der aktive Teil des Bewegungsapparates bewegt den passiven Teil. Die Muskeln, Sehnen und Bänder bewegen die Knochen und Gelenke.

Rennender Jack Russell Terrier

Ein Hund besitzt, unabhängig von der Rasse oder der Größe, **circa 300 Knochen**. Würde man die Knochen aufstellen, würden sie sofort wieder in sich zu einem Knochenhaufen zusammenfallen. Keine Gelenke könnten sich bilden, sondern lediglich ein Knochenberg läge vor einem. Die Knochen sind extrem wichtig, kommen alleine aber nicht klar. Um zu einem Körper zu werden, der sich auch noch bewegen kann, braucht es also mehr. Und zwar die **Muskeln, Sehnen und Bänder**.

Es ist wie bei einer Marionette: Sie hat einzelne Teile, an Fäden aufgehängt. Diese Fäden sind die Muskeln, Sehnen und Bänder. Wenn der Künstler an einem der Fäden zieht, bewegt sich die Marionette. Und so bewegen die Muskeln die Knochen.

Ein Gelenk besteht immer aus mindestens zwei Knochen. Jetzt kann man aber nicht einfach zwei Knochen aneinanderhalten, Muskeln, Sehnen und Bänder drüberlegen, irgendwo in der Mitte der Knochen festtackern und dann läuft's, weil die Knochen dann aneinanderreiben oder sich verschieben würden. Vielmehr braucht es ein paar weitere Helferlein, und das sind die berühmt-berüchtigten Knorpel, Menisken, Kapseln und verschiedenste Flüssigkeiten. Sie alle zusammen machen das Gelenk erst zu einem funktionsfähigen Gebilde. Sie dienen als Puffer, als Kraftumlenker und als Hersteller und Verteiler der Gelenkschmiere.

Alle diese Strukturen gemeinsam sorgen also dafür, dass dein Hund sich bewegen kann, und das schmerzfrei, sodass er mit seinen Kumpels herumtoben kann, mit dir wandern und spielen kann und einfach ein bewegliches, spannendes Leben genießt.

Meine Begeisterung für das Phänomen Körper ist mal wieder offensichtlich. Dennoch können auch diese Strukturen, so wie alles im Körper, defekt sein und Erkrankungen bekommen. Daraus können dann Bewegungseinschränkungen entstehen, Hundephysiotherapeut und Orthopäde sind gefragt.

Schauen wir uns den Bewegungsapparat unseres Hundes doch mal genauer an. Mach es dir mit deinem Hund gemütlich, sodass er ganz entspannt neben dir liegt. Nun nimmst du dir ein Vorderbein und bewegst es mal vorsichtig durch. Welche Bewegungen gehen denn da so und wo findest du überall Gelenke?

Das **Vorderbein** des Hundes ist quasi sein Arm. An seinen Pfoten findest du also die Handwurzelgelenke. Das nächsthöhere Gelenk ist das Handgelenk, und ungefähr in der Mitte des Beines sitzt das Ellenbogengelenk. Ganz oben, quasi am Hundekörper, findest du das Schultergelenk.

Alles gefunden? Dann geht's jetzt mit einem **Hinterbein** weiter. Hier wird oft das Sprunggelenk mit dem Knie verwechselt, und aus meiner Sicht ist die Verwechslung auch gar nicht so unlogisch. Das entsteht dadurch, dass wir auf unseren ganzen Füßen laufen, und so ist bei uns das Sprunggelenk das nächsthöhere Gelenk. Der Hund läuft aber nur auf seinen Vorfüßen, und somit ist sein Sprunggelenk auf der Höhe, wo wir eventuell schon sein Knie vermuten würden. Ganz unten bei den Pfoten findest du die Fußwurzelgelenke. Das nächsthöhere ist das Sprunggelenk, und erst da drüber befindet sich das Knie. Ganz oben, direkt am Po sozusagen, befindet sich dann das Hüftgelenk.

So, die Beine hätten wir. Schauen wir uns nun mal die **Wirbelsäule** unseres Hundes an. Streiche deinem Hund mal über den Hinterkopf, weiter über den Rücken, dann weiter bis zur Spitze der Rute. Da ist die Wirbelsäule. Hier sitzt sie, ist mit der Rute zusammen echt lang und hält deinen Hund aufrecht. Sie besteht aus sieben Halswirbelkörpern, 13 Brustwirbelkörpern, sieben Lendenwirbelkörpern, drei verwachsenen Kreuzwirbeln und rasseabhängig circa 20 Schwanzwirbelkörpern. Das ist echt eine Menge, wir Menschen können nur mit insgesamt guten 24 plus ein paar verwachsenen Wirbelkörpern aufwarten. Die Wirbelsäule verbindet vorne und hinten, macht eine Rute erst zu einer Rute und stützt das gesamte System Körper.

In der Mitte deines Hundes findest du seine Rippen, seinen Brustkorb, in Arztsprache den **Thorax**.

Und wenn du deinem Hund nun noch verliebt in die Augen schaust, ist klar, dass es auch am **Kopf** viele Knochen gibt, die ihn so schön formen. Augen, Maul, Schädel, überall sind Knochen und schützen die inneren Strukturen, sprich die Sinnesorgane und natürlich das Gehirn.

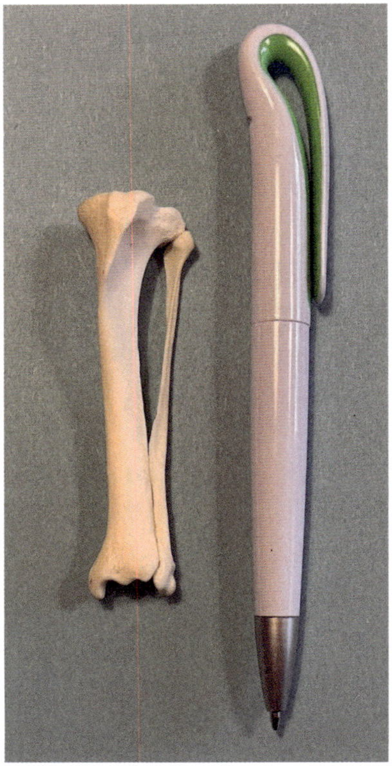

Größenvergleich Knochen eines Gesellschaftshundes

Krankheiten und Auffälligkeiten des Bewegungsapparats des Hundes

Sich das mal so bewusst vor Augen zu halten fasziniert, oder? Hunde sind einfach ein fantastisches Konstrukt: rund 300 Knochen, mehr als 120 Gelenke und mindestens 200 Muskeln und viele Strukturen mehr. Deren Zusammenspiel sorgt für runde Bewegungsabläufe und Freude am Leben, denn Leben ist Bewegung, besonders das unserer Hunde.

Aber auch hier bleibt es leider nicht aus, dass mal etwas schief- oder nicht rund läuft. Und darüber reden wir jetzt.

Arthrose

Die Arthrose ist eine **degenerative Verschleißerkrankung**. Den Ausdruck »Verschleiß« kennen wir alle, abgenutzt eben, verschlissen. Degenerativ heißt auch, das kann man nicht wieder rückgängig machen. Es ist also nicht heilbar, aber zum Glück häufig behandelbar.

Alle Gelenke können betroffen sein, also zum Beispiel die Schultern oder Hüftgelenke, aber auch die Gelenke der Zehen: Sie sind zwar sehr klein, haben aber viel zu arbeiten im Leben eines Hundes und sind deswegen auch häufig erkrankt. Auch die Gelenke der Wirbelsäule können betroffen sein, hier hast du bestimmt schon mal den Begriff der **Spondylose** gehört.

Ursachen

Die Arthrose ist normalerweise eine **Erscheinung des Alters**, weil die Gelenke an sich viele Jahre halten. Welcher Hund nun in welchem Alter wo Arthrose bekommt, hängt von der genetischen Veranlagung ab und auch von der Lebensweise.

Wenn dein Hund Arthrose hat, kann es sein, dass er nicht mehr so flott in die Gänge kommt. Die Gelenke brauchen eine Aufwärmzeit, bis sie wieder geschmeidig sind.

Eine Arthrose kann auch bei jüngeren Hunden schon ein Thema sein. Hatte ein Hund zum Beispiel jung einen **Unfall,** und es gab Knochenbrüche, dann kann die verfrühte Arthrose eine Folge davon sein.

Eine Arthrose kann außerdem Folge einer **Dysplasie** sein, also einer Fehlstellung eines Gelenkes. Bei einer Fehlstellung des Gelenkes werden die Knochen ungleichmäßig abgenutzt, sodass es an manchen Stellen zum vorzeitigen Verschleiß kommt. Bei großen Hunden sind Ellbogen- und Hüftgelenke häufiger betroffen.

Symptome

Kommt es in einem Gelenk zur Arthrose, bedeutet es, dass der Knorpel weniger und weniger wird. Der Puffer schwindet, immer stärker reibt also Knochen auf Knochen statt auf Knorpel. Der Körper versucht sich zu helfen und bildet Knochenanbauten, blumenkohlartige Gewächse. Diese Anbauten sind im Röntgenbild erkennbar. Schmerzen hat der Hund aber vor allem in den Muskeln, die das Gelenk umschließen. Die Strukturen des Gelenks sind verschlissen, weh tun aber vor allem die aktiven Muskeln.

Die **Symptome der Arthrose** sind vielfältig. Von »gar keine« bis zu einer extremen Schonhaltung – das alles können Hinweise auf eine Arthrose sein:

- Schmerzen, damit einhergehend die
- Schonhaltung,
- stärkere Schmerzen bei feuchtem Wetter,
- Anlaufschmerzen, das heißt so eine Art Steifigkeit nach einer längeren Ruhephase,
- Lahmheit nur nach längeren Belastungen,
- ständiges Lahmen,
- Knirschgeräusche im Gelenk, die man hören oder fühlen kann,
- keine Lust mehr zum Spielen, zum Üben von Tricks oder Ähnlichem,
- nicht mehr aufs Sofa springen wollen,
- Wärme suchen.

Um sicherzugehen, kannst du deinen Hund beim Tierarzt vorstellen. Er wird ihn untersuchen, zum Beispiel abtasten und durchbiegen und gegebenenfalls ein Röntgenbild machen lassen.

Was kannst du tun, um deinem Hund zu helfen?

Ist die Diagnose gesichert, kannst du deinem Hund helfen. Aber nicht damit, dass du ihn nun nur noch schonst, denn wer rastet, der rostet. Denn Bewegung kräftigt die Muskulatur und die Muskeln wiederum unterstützen das Gelenk.

Hier können **Hundephysiotherapeuten** helfen, dir auf deinen Hund abgestimmte Übungen zeigen und dir Ideen an die Hand geben, wie du deinen Hund sonst noch im Alter unterstützen kannst. Aber auch **Hundeschulen**, so wie ich, beschäftigen sich immer mehr auch mit den Gesundheitsthemen der Hunde und bieten prophylaktische Kurse an wie zum Beispiel **Gymnastricks** oder **Yoganastricks** bei mir für Hund und Mensch.

Geht dein Hund gerne **schwimmen**? Dann kannst du ihn damit trotz und gerade wegen seiner Arthrose super unterstützen. Denn beim Schwimmen nimmt ihm das Wasser jede Menge Gewicht ab, die Belastung auf die Gelenke wird also geringer. Das geht überall dort, wo das Wasser tief genug ist – oder im Unterwasserlaufband beim Hundephysiotherapeuten gehenderweise.

Zur aktiven Unterstützung bei Arthrose kommen noch die **passiven Möglichkeiten** hinzu, dazu gehört zum Beispiel der **Mantel**. Halte deinen Hund bei kühleren Temperaturen mit einem Mantel warm, damit seine Muskulatur nicht auskühlt, denn kalte Muskeln verkrampfen sich eher als warme. Wenn dein Hund es mag, mach ihm ein **warmes Körnerkissen**, worauf er es sich gemütlich machen kann, oder leg ihm eine **Heizdecke** ins Körbchen. Warme, weiche Muskulatur tut einfach gut bei Arthrose.

Mag dein Hund nicht mehr ins Auto springen, dann hilf ihm mit einer **Rampe**, worüber er, ohne springen zu müssen, ins Auto einsteigen kann.

Apportiert dein Hund gerne? Dann lege die Apportiergegenstände erhöht zum Abholen bereit, dann kann er sie bequem holen, ohne sich zusätzlich bücken zu müssen. Wenn Agility bisher euer Hobby war, dann macht vielleicht auch etwas Ruhigeres wie Schnüffelarbeit Spaß.

Arthrose ist definitiv nicht schön, aber ein gutes Leben ist grundsätzlich auch mit Arthrose möglich. Und wenn dein Hund sehr häufig oder zu starke Schmerzen hat, dann gibt es auch noch entsprechende **Medikamente**, die dir der Tierarzt zur Unterstützung gibt. Denn Schmerzfreiheit bedeutet Lebensqualität und das sollte man seinem Hund auf keinen Fall verwehren.

Gut zu wissen: Dürfen Welpen Treppen steigen?

Oft heißt es ja, Welpen dürften keine Treppen steigen, weil sie sich dadurch die Gelenke kaputtmachen. Falsch – sie dürfen nicht nur, sondern sie sollen sogar. Natürlich nicht dreimal täglich den Eifelturm hoch und runter, sondern welpengerecht. Knochen, Knorpel, Muskeln, alle Strukturen des Bewegungsapparates leben von Bewegung. »Use it or lose it« ist immer die Devise des Systems Bewegung.

In der Welpengruppe bewegen sich die Welpen mal so richtig. Sie rennen, springen, purzeln übereinander und rempeln sich gegenseitig. Und genau das ist gut, denn so werden die Muskeln und Knochen stark. Treppengehen ist auch einfach eine Bewegung. Wichtig ist, dass Welpi von Anfang an lernt, eine Treppe gesittet zu bezwingen. Also nicht mit 300 Stundenkilometern runtersausen, sondern langsam hoch und langsam runter. Hilf ihm dabei, das zu lernen.

Und zeig ihm auch unbedingt mehrere Treppen: rote und weiße, Holz- und Metalltreppen, gewendelt und gerade, hoch und niedrig.

So werden Treppen für ihn ganz selbstverständlich, und er hat nicht irgendwann, zum Beispiel, wenn er ausgewachsen ist und 32 Kilogramm wiegt, Angst vor einer Treppe, die du ihn dann runtertragen musst.

Wenn wir älter werden, setzt der Verschleiß ein. Da geht es unseren Hunden ganz genauso. Alle Gelenke, die er hat, können verschleißen und dann zu den entsprechend degenerativen Erkrankungen führen.

Border-Collie-Welpe auf der Treppe

Erkrankung des Kniegelenks (Patellaluxation)

Die Patella ist die Kniescheibe des Hundes. Sie liegt in einer Furche und bewegt sich dort, wenn der Hund sich bewegt. Ist diese Furche zu flach oder liegen Fehlstellungen der Beinknochen vor, dann rutscht die Kniescheibe aus der Furche, und das tut dem Hund weh. Irgendwas stimmt da nicht, es ist dem Hund unangenehm, deswegen versucht er, sich mit einem **Hüpfer** zu helfen.

Die Patellaluxation (Luxation = Verrenkung oder Auskugelung) ist in vier Grade eingeteilt. Je höher der Grad der Verformung, desto häufiger hüpft der Hund, desto größer sind seine

Schmerzen, das **Knie** kann **geschwollen** sein, **entzündet** und der **Hund lahmt** schließlich ständig.

Beim ersten Grad wird auf eine OP verzichtet, bei den höheren Graden aber sollte operiert werden, denn die Belastung des Hundes ist sehr hoch, jeder Gang wird sonst von Schmerzen und dem Abschütteln des Beines begleitet.

Betroffen sind vor allem die kleinen Gesellschaftshunde, und das leider häufig, deswegen ist es mir wichtig, sie hier zu nennen und ein Bewusstsein dafür zu schaffen, dass es nicht nur lustig ist, wenn ein kleiner Hund so hüpft, sondern für den Hund selbst eine Belastung.

Knochenbrüche

Knochen sind sehr stabil, aber nicht unkaputtbar und können brechen. Wenn zum Beispiel etwas Schweres auf die Hundepfote gefallen ist, können die betroffenen Knochen gebrochen sein. Der Hund jault wahrscheinlich auf, denn das tut verdammt weh, und schont seine verletzte Pfote. Für den Menschen heißt das: auf zum Tierarzt!

Der Tierarzt findet mithilfe des Röntgens heraus, was mit den Knochen passiert ist. Der Hund bekommt Medikamente gegen die Schmerzen und zur Vorbeugung von Entzündungen, und je nachdem, wo und wie der Knochen gebrochen ist, wird er dann entweder operiert oder bekommt eine Gipsschiene. Wichtig, aber echt schwierig für den Menschen ist dann das Ruhighalten. Der Mensch leidet mit und möchte dem Hund Abwechslung und seine Schnupperrunden bieten, aber genau das ist nun verboten und stattdessen gähnende Langeweile angesagt. Bitte durchhalten und die Verletzung in Ruhe heilen lassen.

Knochentumoren

Jeder Hund kann in jedem Alter an einem Knochentumor erkranken, aber je älter der Hund ist, desto größer ist das Risiko, dass das auch wirklich passiert. Große Hunde sind eher davon betroffen als kleine.

Knochentumoren entstehen vor allem an den Gliedmaßen und tun dem Hund irgendwann richtig, richtig weh. »Irgendwann« ist hier das Schlagwort, denn am Anfang tut er noch nicht so weh, deswegen fällt nicht sofort der Verdacht auf einen Tumor.

Zur Diagnosestellung hilft ein **Röntgenbild**. Ist die Diagnose gesichert, gibt es die Möglichkeit der **Amputation** dieser Gliedmaße. Es ist eine große Operation, deswegen sollte man gut abwägen, ob man das seinem Hund noch zumuten möchte.

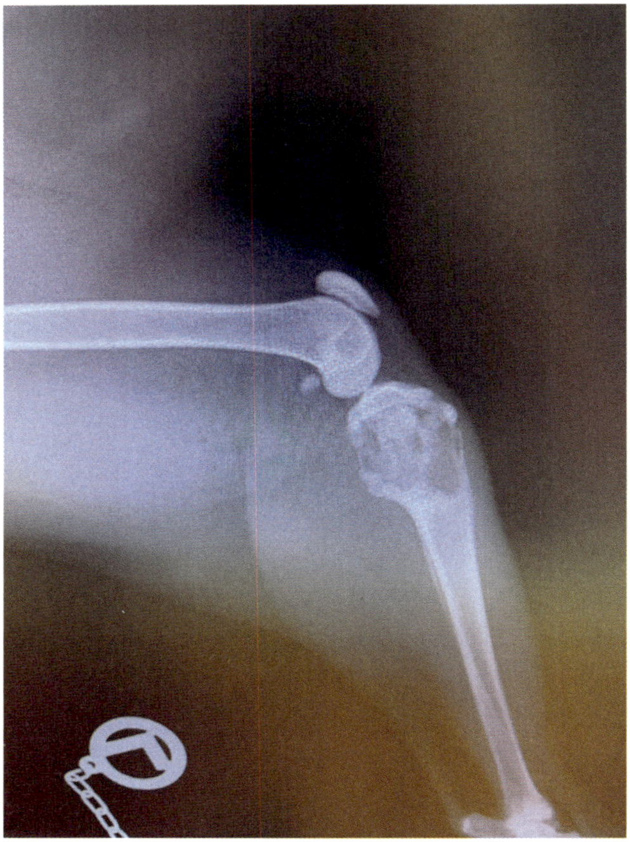

Knochentumor

Ist der Hund noch jung und ansonsten gesund? Hat der Tumor bereits gestreut? Das ist leider häufig der Fall, deswegen wird dein Tierarzt nach Metastasen suchen, bevor ihr die Frage der Amputation entscheidet. Außerdem wird der Hund nach der Amputation auf drei Beinen laufen müssen. Wichtig ist deshalb, dass du dir die Frage stellst: Wird er von seiner Größe und Gewichtsklasse her dazu in der Lage sein? Ist der Hund durch die Schmerzen im Bein sowieso schon oft auf nur drei Beinen unterwegs, wird es keine große Umstellung sein, wenn das Bein amputiert wird. Er ist vorher auf drei Beinen gelaufen und tut es jetzt eben weiterhin. Humpelt der Hund lediglich etwas, dann ist eine Amputation eine größere Umstellung für ihn. Größer, aber trotzdem in vielen Fällen machbar. Deswegen ist eine Amputation einer Gliedmaße für den Hund oft nicht so schlimm, wie es für uns klingt.

All diese Punkte und einige mehr bespricht der Tierarzt mit Frauchen und Herrchen seines Patienten, damit in jedem Fall eine gute Entscheidung zum Wohle des Hundes getroffen werden kann.

Gut zu wissen: Kein einseitiges Training

»Use it or lose it« ist das Motto des Bewegungsapparates. Wenn du Krafttraining machst, wachsen deine Muskeln. Sie werden gebraucht, also werden sie »gefördert«. Wenn du nur deinen rechten Arm trainieren würdest, würden nur die Muskeln deines rechten Armes dicker und stärker werden.

Auch der Hundekörper passt sich seinen Aufgaben an. Deswegen ist es wichtig, mit seinem Hund gleichmäßig zu trainieren. Wenn du bei einer Sportart zum Beispiel trainierst, dass dein Hund links neben dir »Fuß« geht, trainiere auch die rechte Seite. Selbst dann, wenn du sie für die Sportart an sich gar nicht brauchst. Aber dein Hund braucht es. Für eine gleichmäßige Muskulatur. Und gegen Überlastung und Verspannung.

In England sind Hunderennen sehr beliebt. Leistungssport für die Hunde. Sie laufen Runde um Runde. Immer linksrum. Die linke Körperhälfte wird jedes Mal stärker belastet, weil mehr Druck drauf ist. Und insgesamt wird der Hund auch einseitig belastet, denn er macht ja immer die gleichen Bewegungen. Man hat festgestellt, dass diese Hunde verstärkt Knochentumoren auf der linken Seite haben. Auf der Seite also, die ständig stärkeren Belastungen ausgesetzt ist. Es gibt hierzu noch keine Studien, aber es fällt auf.

Und mir als Physiotherapeutin fällt es auch auf. Rechtshänder haben oft auf der rechten Seite stärkere Verspannungen, Linkshänder links.

Deswegen ist meine Empfehlung für dich: Egal, was du mit deinem Hund so tust, ob es Tricks sind, Obedience, Agility oder etwas ganz anderes – trainiere immer kreativ und abwechslungsreich mit deinem Hund. Und sei es nur das »Fuß«-Gehen, sodass dein Hund einmal am Tag auf deiner linken Seite und einmal am Tag auf der rechten Seite geht.

Übergewicht (Adipositas)

Ein bisschen mehr auf den Rippen ist nicht so dramatisch, aber starkes Übergewicht ist ungesund. Für alles, sowohl für die Gelenke, die nun deutlich mehr Gewicht tragen müssen als eigentlich vorgesehen, was eine Arthrose begünstigen kann, als auch für die Organe, die nun deutlich mehr Körpergewicht versorgen müssen als vorgesehen.

Dadurch ist Übergewicht ein Risikofaktor für einige Erkrankungen wie zum Beispiel Diabetes oder Lebererkrankungen durch Verfettung. Außerdem kommen Kreuzbandrisse bei übergewichtigen Hunden überproportional oft vor. All diese Dinge sind große, unnötige Belastungen für die Hunde, deswegen sollten wir sie ihnen auch nicht zumuten.

Die Ursachen für Übergewicht sind dieselben wie bei uns Menschen. Ganz platt gesagt ist die Formel dafür einfach: zu viel Essen, zu wenig Bewegung.

Das Gemeine beim Hund ist hier aber, dass er nichts dafür kann, sondern wir Menschen. Deswegen hier ein kleiner Appell an dich: Achte sowohl auf die **Menge** als auch auf die **Qualität des Hundefutters.**

Ich selbst gebe Mable als Trainingskeks gerne »natürliche« Dinge statt Leckerchen aus der Tüte. Sie liebt zum Beispiel Gouda-Käse und Süßkartoffeln. Küwi liebt Gurken und Kartoffeln. So können wir beide mit guten Lebensmitteln belohnen und verwöhnen, und manchmal backe ich die Hundekekse sogar selbst.

Gut zu wissen: Warum brachyzephale Rassen unbedingt schlank sein sollten

Besonders wichtig ist das Schlanksein für die brachyzephalen Rassen wie zum Beispiel französische und englische Bulldoggen oder der Mops. Genau diese Rassen »sollen« oft etwas propper sein, weil das ja so süß und knuffig aussieht. Aber genau das schadet ihnen, denn das überschüssige Fett lagert sich auch im Halsbereich an und sorgt dafür, dass sie noch schlechter atmen können, als sie es sowieso schon tun. Deswegen sollten sie unbedingt schlank gehalten werden.

Wie du erkennst, ob dein Hund zu dick ist

Dein Tierarzt ist dafür eine gute Anlaufstelle: Du brauchst natürlich nicht ständig dort aufzutauchen, nur um deinen Hund zu wiegen und dir anzuhören, ob das Gewicht okay ist. Aber spätestens, wenn dein Hund ausgewachsen ist, kann dir dein Tierarzt das Idealgewicht nennen.

Vor allem für Hundeanfänger ist das bestimmt eine gute Idee, denn ihnen fällt es oft gerade am Anfang besonders schwer zu erkennen, ob ihr Hund dick ist oder nicht. Und dann haben sie einen Wert, den sie als stetigen Hinweis nutzen können.

Ansonsten erkennst du auch beim Ansehen deines Hundes, spätestens beim **Fühlen**, ob er zu dick ist. Schau dir deinen Hund mal an, wenn er steht. Kannst du seine Taille erkennen? Bei manchen Rassen muss man hier jetzt ganz klar »Nein« sagen, aber es liegt tatsächlich am üppigen Fell. Bei allen anderen Hunden sollte eine Taille zu erkennen sein.

Fühle als Nächstes mal die Rippen deines Hundes. Fühlt es sich so an, als wäre lediglich ein Blatt Papier zwischen deinen Händen und den Rippen, ist dein Hund sehr dünn. Fühlst du die Rippen gut, aber du spürst auch, dass da eine Schicht dazwischen ist – perfekt. Musst du etwas drücken, um die Rippen zu spüren, ist es ein bisschen zu viel, musst du doller drücken, um sie zu spüren, dann sollte dein Hund unbedingt abspecken.

Übergewicht beim Hund

Es geht mir hierbei nicht um irgendwelche verrückten Schönheitsideale, sondern um die Gesundheit unserer Lieblinge. Wir sind dafür verantwortlich, ob sie zu dick werden, denn wir füttern sie. Dick sein bedeutet, im gesamten Körper ist zu viel Fett. Ihre Taille ist nicht mehr zu sehen, weil keine mehr vorhanden ist. Sie müssen viel mehr Gewicht mit sich schleppen, was auch anstrengend ist. Das vermehrte Gewicht drückt auf die Gelenke und belastet sie stärker. Die Gelenke sind nicht gemacht für so viele Kilos, die Statik hält das nicht aus, die Strukturen sind dauerhaft überfordert, was eine Arthrose begünstigt. Und das Fett sitzt auch nicht nur da, wo man es sieht, sondern auch im Inneren des Körpers, sprich in den Organen. Sie verfetten.

Auf zum Tierarzt!

Wann du deinen Hund unbedingt zum Tierarzt bringen musst:

- akutes Lahmen
- abgespreizte Gliedmaße, also ein »Knick« in den Gliedmaßen aufgrund eines Bruchs

Zwei einfache Übungen, die deinem Hund Spaß und Bewegung bringen

Du hast Lust bekommen, mit deinem Hund etwas Aktives zu unternehmen? Dann habe ich hier noch zwei schöne Übungen für euch, die ihr jederzeit gemeinsam machen könnt.

1. Keksbaum

Wusstest du, dass es Bäume gibt, auf denen Kekse wachsen? Sogenannte Keksbäume. Die gibt es überall dort, wo es Bäume mit schroffer Rinde gibt. In diese Rinde steckst du einige Kekse für deinen Hund – natürlich richtige Hundekekse. Du befestigst sie ungefähr so hoch, dass dein Hund die Vorderpfoten an den Baum stellen und sich etwas recken muss, um dranzukommen.

Anfangs sollte dein Hund bei dem, was du da tust, zusehen dürfen, damit er versteht, dass er die Pfoten dort hinaufschwingen soll. Wenn er das schließlich kennt und super findet, dann kannst du auch heimlich Kekse dort verstecken. Anschließend rufst du deinen Hund und schickst ihn mit einem Signal den Baum hoch. Ich persönlich sage »Pfoten drauf!« zu Mable.

Diese Übung kannst du jederzeit einfach draußen beim Spazierengehen einbauen, sie macht euch beiden mit Sicherheit Spaß, und dein Hund kommt gleich noch viel lieber zu dir, wenn du ihn rufst, weil er voller Hoffnung ist, dass du wieder mal einen Keksbaum gefunden hast.

Und wenn dein Hund gelernt hat, die Vorderpfoten auf den Baum zu schwingen, kann er sie alternativ auch auf einen Felsen stellen, auf einen Fußhocker, auf den Bürgersteig, eine Treppenstufe und vieles mehr, was dir so einfällt. Dann macht so ein Spaziergang gleich viel mehr Spaß.

Du wirst sehen, nach einiger Zeit sucht dein Hund selbst nach Objekten, auf die er seine Vorderpfoten stellen und dir damit einen Keks ablocken kann.

2. Steh!

»Stehen soll eine Übung sein?«, fragst du dich? »Und dann auch noch eine Art Gymnastik darstellen?«

»Oh ja«, kann ich da nur voller Inbrunst sagen, denn korrektes Stehen ist anstrengend – nicht nur für den Hund. Stell dich doch selbst einmal gerade hin und probiere es aus. Zieh die Schuhe aus und stelle deine Beine hüftbreit auseinander. Deine Knie sind ganz leicht gebeugt, sodass man es mehr erahnt als sieht. Den Rücken hältst du gerade, während du eine leichte Spannung in Bauch- und Rückenmuskulatur aufbaust. Der Blick ist nach vorne gerichtet. Mach ein ganz leichtes Doppelkinn, aber strecke den Nacken trotzdem lang. Jetzt noch die Arme locker hängen lassen und die Schultern nicht hochziehen, sondern wirklich lockerlassen.

So stehen wir im Alltag selten und wenn du jetzt mal eine Weile so stehen bleibst, wirst du merken, wie dein Körper sich ausbalanciert. Selbst deine kleinen Fußmuskeln müssen gehörig arbeiten, und irgendwie ist es echt anstrengend, obwohl du doch einfach »nur« dastehst.

Und das soll dein Hund jetzt auch tun – ausgeglichen stehen. Achte darauf, dass er gerade und mit den Hinterpfoten unter den Hüften, nicht unterm Bauch steht. Er soll einen geraden Rücken machen und den Blick nicht nach oben, sondern nach vorne richten.

Es gibt zwei Möglichkeiten, mit dieser Haltung zu starten. Bei der ersten Variante sitzt dein Hund vor dir, Auge in Auge mit dir. Bei der zweiten Variante sitzt er ebenfalls, allerdings quer vor dir; du siehst ihn also von der Seite.

Nun hältst du deinem Hund einen Hundekeks hin, ungefähr auf seiner Brusthöhe, und ziehst den Keks dann langsam nach vorne, von deinem Hund weg. Dein Hund wird aufstehen, um an den Keks zu gelangen, und schwups: Der Keks ist weg. Probiere gern beide Varianten aus. Diejenige, mit der ihr beide besser zurechtkommt, ist eure.

Achtung! Zieh den Keks nur so weit nach vorne, dass dein Hund aufsteht, aber nicht so weit, dass er dabei Schritte machen muss. Er soll nämlich seine Gesäßmuskulatur benutzen und nicht mit Schwung nach vorne gehen.

Und nochmal: Achtung! Halte den Keks nicht auf Kopfhöhe, sondern unbedingt auf Brusthöhe. Wenn du ihn auf Kopfhöhe hältst, setzt dein Hund sich eher hin, für ein »Steh« wäre das zu hoch.

Wenn das Handling sicher klappt, kannst du deinen Hund mindestens fünfmal fehlerfrei vom »Sitz« ins »Steh« locken, dann führst du das Signal ein. Du sagst dein Signal, zum Beispiel »Steh!« und lockst deinen Hund mit dem Keks in die richtige Position. Dein Hund führt das sofort aus und – bekommt den Keks als Belohnung.

Wenn auch das klappt, übst du mit deinem Hund, länger stehen zu bleiben. Und wenn er eine halbe bis ganze Minute stehen bleiben kann, fängst du an, dich ein Stück von ihm zu entfernen. Geh aber zum Auflösen des Signals immer wieder zu deinem Hund zurück, damit er auch wirklich entspannt stehen bleibt.

Ich selbst nehme bei Mable gerne eine Matte, Decke oder Ähnliches dazu. Ich breite diese so aus, dass Mable genau auf der Matte stehen kann, wenn sie korrekt steht. Sie weiß nach etlichen Wiederholungen, dass sie genau auf der Matte stehen bleiben soll, nicht davor, nicht halb daneben, nicht nur mit den Hinterpfoten, während die Vorderpfoten davor bleiben, sondern komplett auf der Matte. Das hilft ihr, und das wird auch deinem Hund dabei helfen, korrekt zu stehen und sicher stehen zu bleiben.

Ich wünsche euch ganz viel Spaß und Erfolg beim Training! Und wenn es gar nicht klappen will, helfe ich dir gerne.

Infektionskrankheiten

Infektionskrankheiten sind wie die Haut ein Kapitel, das an fast jeder Stelle im Buch stehen könnte, denn sie betreffen meist mehrere Organe oder sogar den gesamten Körper des Hundes. Und da sie eben schwer einzuordnen sind, behandle ich sie hier nochmal im letzten Teil des Buches.

Um dir ein Gefühl für Infektionskrankheiten zu geben, habe ich dir hier mal die bekanntesten beispielhaft aufgeschrieben.

Bei diesen Infektionskrankheiten kann man präventiv tätig werden, indem man den Hund **impfen** lässt. Ist der Hund nämlich erst infiziert, kann man meist nur noch die Symptome lindern.

Eine Impfung bietet keine hundertprozentige Sicherheit, dass dein Hund sich niemals infiziert oder gar erkrankt, aber die Wahrscheinlichkeit, eine Erkrankung zu vermeiden, ist sehr hoch. Das Thema Impfungen findest du im ersten Kapitel, dem Check-up, Untersuchungs- und Behandlungsmethoden. Hier soll es jetzt um die Infektionskrankheiten gehen:

- **Staupe:** Die Staupe ist eine Viruserkrankung, die den ganzen Körper betreffen kann. Ist ein Hund daran erkrankt, können lediglich die Symptome behandelt werden, die Krankheit selbst jedoch nicht. Sie nimmt oft ein tödliches Ende.
- **Hepatitis:** Diese Virusinfektion tritt zwar nur noch selten auf, aber wenn, dann kann sie so heftige Erkrankungen wie Gelbsucht, Leberschädigung, Durchfall und sogar Gehirnentzündungen hervorrufen. Für junge Hunde endet sie meist tödlich.
- **Parvovirose:** Diese Virusinfektion ist weltweit verbreitet und hochansteckend. Die Symptome beginnen meist unspezifisch. Das bedeutet, der Hund hat zum Beispiel keinen Appetit, bekommt Fieber, Durchfall und erbricht. Wird der Hund früh und richtig behandelt und das Virus erkannt, hat er in der Tierklinik gute Chancen, zu überleben. Nicht oder zu spät behandelt dagegen ist diese Infektion tödlich (mehr über Parvovirose im Kapitel »Magen-Darm-Trakt).
- **Leptospirose:** Dabei handelt es sich um eine bakterielle Erkrankung. Die Erreger treiben sich gerne in stehenden Gewässern herum. Sie dringen über die Schleimhäute in den Hund ein und überfallen sein gesamtes System. Von Muskelsteifheit über Atemnot bis hin zu Nierenproblemen und blutigem Urin sind alle möglichen Symptome dabei. Früh genug erkannt und mit Antibiotika behandelt, überlebt der Hund zwar, aber oft bleiben chronische Leber- und Nierenschäden (mehr zu Leptospirose im Kapitel über die Niere).

- **Tollwut:** Diese Viruserkrankung ist für ungeimpfte Hunde tödlich. Die Viren zerstören das zentrale Nervensystem des Hundes. Der Hund verendet ganz erbärmlich mit extremen Krämpfen und Lähmungserscheinungen und am Ende erstickt er jämmerlich. Diese Erkrankung ist so heftig, dass erkrankte Hunde getötet werden. **Dem Tierarzt ist es verboten, den Hund zu behandeln, stattdessen muss er ihn behördlich melden!**
- **Borreliose:** Bakterien, Viren und andere Parasiten, sie alle könne Borreliose übertragen, und das am liebsten mithilfe der Zecke. Nicht jede Zecke hat diese Parasiten in sich, aber wenn sie es einem Hund überträgt, sind die Symptome breit gefächert, von schmerzenden Gelenken und Appetitlosigkeit über geschwollene Lymphknoten bis hin zu Einschränkungen der Nierenfunktion, Herzmuskelentzündungen und Lähmungserscheinungen mit irreparablen Schäden oder gar dem Tod als Folge.

Ich wünsche keinem Lebewesen der Welt eine dieser Erkrankungen. Das Impfen kann Leben retten, deinen Hund vor Schmerzen und Leid retten. Ich impfe meinen Hund und kann es dir auch nur empfehlen. Innerhalb von Deutschland ist Impfen keine Pflicht, dennoch möchte ich dir empfehlen, dich zumindest gut und in aller Ruhe von deinem Tierarzt beraten zu lassen. Denn es geht wie immer um das Wohl unserer Lieblinge.

Zu guter Letzt

Ich hoffe, ich konnte dir die Faszination Hund und Körper gut vermitteln. Faszination, aber auch Respekt vor der Gesundheit, die von uns allen einen sorgsamen Umgang mit unseren Hunden erfordert.

Zum Abschluss möchte ich dir noch mal Mut machen, den Tierarzt zu fragen, wenn du etwas nicht verstehst. Ich kenne das von mir selbst. Wenn ich meinen Kunden etwas erkläre oder zeige, dann ist das für mich völlig selbstverständlich. Für die Kunden aber ganz und gar nicht. Sie hören das ja zum ersten Mal und üben das auch zum ersten Mal. Und dann merke ich sofort, wenn ich es nicht ausführlich genug erklärt habe. Die Kunden fragen dann nach oder ich sehe es in ihren Gesichtern oder es klappt nicht. Dann erkläre und zeige ich es einfach so oft, bis es klappt. Beim Tierarzt aber ist das oft irgendwie anders. Man hat den Tierarzt ja nicht »für eine Stunde« gebucht, sondern der nächste Kunde wartet schon. Und dann traut man sich nicht mehr zu fragen, möchte den Arzt nicht aufhalten oder merkt, dass er es eilig hat.

Aber es geht um die Gesundheit deines Lieblings, deiner Fellnase. Und du musst wissen, wie du die Mittel anwendest, die dir dein Tierarzt mitgibt, und auch, warum du sie ihm geben sollst. Also trau dich! Die meisten Tierärzte finden das sogar gut. Sie merken, du hast Interesse, du möchtest es richtig machen, du bist engagiert.

Und es dient dem Wohl unserer Hunde, und das ist doch das Allerwichtigste. Sie zaubern uns ein Lächeln auf die Lippen und lassen uns dahinschmelzen, wenn wir sie ansehen. Sie begegnen uns in der Tiefe unseres Herzens.

Deine Simone Isenberg und meine weltbeste Mitarbeiterin, Mable

Simone mit Mable

Die Autorin

Simone mit Mable und Küwi

Simone Isenberg ist Hundeexpertin mit Leidenschaft. Seit 1998 ist sie als Trainerin aktiv, viele Jahre davon in enger Kooperation mit Martin Rütter. Mittlerweile leitet sie in Ostwestfalen ihre eigene Hundeschule, wo sie ihre langjährige Trainer-Erfahrung mit ihren Schülern und Kunden teilt. Immer an ihrer Seite: Golden-Retriever-Dame und Vorzeige-Mitarbeiterin Mable.

Bildnachweise

S. 15: Simone Isenberg
S. 16: shutterstock/Reshetnikov_art
S. 21: Stefanie Kruppke
S. 24: Simone Isenberg
S. 38: shutterstock/Rita_Kochmarjova
S. 43: links: Simone Isenberg; rechts: Simone Isenberg
S. 44: shutterstock/Julia Zavalishina
S. 49: links: Simone Isenberg; rechts: Simone Isenberg
S. 50: Simone Isenberg, Fotografin: Lena Standke
S. 54: shuttterstock/220 Selfmade studio
S. 58: Stefanie Kruppke
S. 60: Stefanie Kruppke
S. 62: shutterstock/Springmood137
S. 67: Simone Isenberg
S. 71: Simone Isenberg
S. 75: shutterstock/Sbolotova
S. 76: shutterstock/Aleksey Boyko
S. 78: shutterstock/In Green
S. 82: Simone Isenberg
S. 87: shutterstock/Viiviien
S. 91: shutterstock/cynoclub
S. 92: Simone Isenberg, Fotografin: Jeanette Przygoda
S. 98: Simone Isenberg, Fotografin: Anita Theuer
S. 100: Stefanie Kruppke
S. 102: Simone Isenberg
S. 107: shutterstock/Kateryna Orlova
S. 111: shutterstock/Mary Rice
S. 115: shutterstock/Callipso88
S. 116: Stefanie Kruppke
S. 126: shutterstock/claire norman
S. 137: shutterstock/sommthink
S. 141: shutterstock/mis1il
S. 153: shutterstock/Korneeva Kristina
S. 159: shutterstsock/Pavel Shlykov
S. 171: Stefanie Kruppke
S. 176: shutterstock/Eric Isselee
S. 177: shutterstock/Dora Zett
S. 181: shutterstock/Leoniek van der Vliet
S. 194: Stefanie Kruppke
S. 199: Simone Isenberg, Fotografin: Lena Standke
S. 200: shutterstock/Ammit Jack
S. 202: Simone Isenberg, Fotografin: Katrin Blümchen
S. 206: shutterstock/Leszek Glasner
S. 208: Stefanie Kruppke
S. 211: shutterstock/Nick Chase 68
S. 217: Simone Isenberg
S. 219: Simone Isenberg, Fotografin: Lena Standke

Abb. Pfotenabdrücke: shutterstock/bluebright
Abb. Glühbirne: shutterstock/M-vector
Abb. Rotes Kreuz: shutterstock/AAVAA

Stichwortverzeichnis

A

Älterer Hund, Umgang mit 42
Atemfrequenz des Hundes 48
Augen
  Allgemeine Infos 68
  Augenlid, drittes 71
  Hunde und Sehen 68f.
  Hundeauge, Besonderheiten 70
  Krankheiten und Auffälligkeiten 72
    Auge, zu trockenes 74
    Bindehautentzündung, akute 72
    Konjunctivitis follicularis 73
    Grauer Star/Katarakt 75

B

Bauchspeicheldrüse
  Allgemeine Infos 147f.
  Krankheiten und Auffälligkeiten 148
    Bauchspeicheldrüsentumor (Insulinom) 150f.
    Diabetes mellitus 148f.
    Pankreasinsuffizienz, exokrine 152
    Pankreatitis 153
Bewegungsapparat
  Allgemeine Infos 199ff., 202
  Krankheiten und Auffälligkeiten 202
    Arthrose 203f.
    Kniegelenk, Erkrankungen des (Patellaluxation) 206
    Knochenbrüche 206
    Knochentumoren 207
    Übergewicht (Adipositas) 210f.
Blut 29
  Blutkörperchen, rote 30
  Blutkörperchen, weiße 30
  Blutplättchen 31
  Blutzucker messen 150

E

EU-Heimtierausweis 32

F

Fast-Food-Leckereien 18
Fieber messen 20f.
Futtermittelunverträglichkeiten 129f.
  Symptome 130

G

Gehirn
  Allgemeine Infos 85
  Krankheiten und Auffälligkeiten 85
    Epilepsie 85ff.
    Hirnhautentzündung (Meningitis) 90
    Krämpfe, lang anhaltende 89
Geschlechtsorgane
  Allgemeine Infos zum Rüden 167
    Chip 169
    Kastration 167f.
  Allgemeine Infos zur Hündin 157
    Geburt 160f.
    Kastration 161ff.
    Läufigkeit 157f.
    Scheinträchtigkeit 164
    Trächtigkeit 158
  Krankheiten und Auffälligkeiten bei Hündinnen 165
    Gebärmutterentzündung (Pyometra) 165
    Gesäugetumoren 166
    Vaginitis, juvenile 165
  Krankheiten und Auffälligkeiten bei Rüden 169
    Hodentumoren 170
    Kryptorchismus 170
    Prostata, vergrößerte (Hyperplasie) 171f.
    Vorhautentzündung (Präputialkatarrh) 169
Grundimmunisierung 34

H

Haut und Fell
  Allgemeine Infos 176
  Fellarten und Fellpflege 177
    Mit Unterwolle 177f.

Ohne Unterwolle 178
Rauhaar-Hunde 179
Hautschichten 181
Lederhaut 182
Oberhaut 181f.
Schweißdrüsen 183
Unterhaut 182
Krallen und Ballen
Ballen 185
Ballen, Verletzungen der 195
Krallen 184
Krankheiten und Auffälligkeiten 185
Allergien 189ff., 192
Bissverletzungen 196
Ektoparasiten 186ff.
Hotspot 193
Insektenstiche 194
Krallenabriss 196
Lipome 193
Onichodystrophie, systemische lupoide (SOD) 197
Hecheln 66
Herz
Allgemeine Infos 102
Krankheiten und Auffälligkeiten 104
Herzbeutel, Erguss des 108
Herzfehler, angeborene 104
Herzklappenerkrankung 106
Herzscheidewand, Loch in der 104
Herzwürmer 108
Hunde-Hausapotheke 19
Hilfswerkzeuge 19
Medikamente 19
Verband und Schutz 19

I

Impfungen 31f.
Infektionskrankheiten 215f.

L

Lebensphasen des Hundes 36
Adulte Phase 40
Juvenile Phase 39
Neonatale Phase 37
Pubertät 40
Seniorphase 41
Sozialisationsphase 37
Übergangsphase 37
Leber
Allgemeine Infos 110
Krankheiten und Auffälligkeiten 110
Leberentzündungen 112
Lebertumor 112
Shunt 111
Lunge
Allgemeine Infos 93
Krankheiten und Auffälligkeiten 94
Fremdkörper 94
Infektionen der Atemwege 96
Lungenentzündung 96
Lungenfibrose 98
Lungentumor 99f.
Lungenwürmer 96
Pneumothorax 98

M

Magen-Darm-Trakt 117
Allgemeine Infos 117ff.
Krankheiten und Auffälligkeiten 120
Analdrüsen, verstopfte 134
Durchfall 120
Fremdkörper 120ff.
Giardien 128
Magen, nervöser 135ff.
Magendrehung 132 ff.
Parasiten 127
Vergiftung 120ff., 124
Virusinfektion (Parvovirose) 131
Würmer 127
Maulhöhle 56
Allgemeine Infos zum Hundegebiss 56
Bleibende Zähne 56
Gebissarten 61
Krankheiten und Auffälligkeiten 63
Milchzähne 56
Zähneputzen 60
Zahnhygiene 61
Medikamente 35f.
Milz
Allgemeine Infos 114
Krankheiten und Auffälligkeiten 115
Milztumor 115

N

Nase des Hundes 47
Allgemeine Infos zur 47

Krankheiten und Auffälligkeiten 51
Fremdkörper im Nasenloch 51
Nasenbluten 54
Zu feuchte Nase 52
Zu trockene Nase 52
Nebenniere
Allgemeine Infos 144
Krankheiten und Auffälligkeiten 144
Überfunktion (Cushing-Syndrom) 144f.
Unterfunktion (Morbus Addison) 145f.
Niere
Allgemeine Infos 139
Krankheiten und Auffälligkeiten 140f.
Leptospirose 141f.
Nierenfunktion, eingeschränkte 143
Niereninsuffizienz, chronische 142

O

Ohren
Allgemeine Infos 79
Krankheiten und Auffälligkeiten 81
Fremdkörper im Ohr 83
Ohrentzündungen 81
Pflege 80f.

P

Pfotenschutz gegen Streusalz 18
Puls messen 103

R

Rachen, Infektionen des 64
Rattengift 124
Rute
Allgemeine Infos 173
Erkrankungen und Auffälligkeiten 174
Wasserrute 174

S

Schilddrüse
Allgemeine Infos 155
Krankheiten und Auffälligkeiten 155
Überfunktion 156
Unterfunktion 155f.
Schmerz, Anzeichen auf 20

T

Tierarzt, Besuch beim 22f.
Check-up, jährlicher 22f.
Untersuchungsmethoden 23
Blutuntersuchungen 28
Computertomografie (CT) 26
Endoskopie 27
Magnetresonanztomografie (MRT) 27
Ultraschall 24
Röntgen 25
Tollwutimpfung, Hinweise zur 33f.
Tränennasenkanal 53

U

Urin, Eiweiß im 139

W

Wurmkur 128

Z

Zahnwechsel bei kleinen Rassen 57
Zecken, Entfernen von 187f.

Simone Isenberg

55 Hundespiele

Für drinnen und draußen

57 Karten
ISBN 978-3-7423-1691-2

55 außergewöhnliche und abwechslungsreiche Spiele zum Trainieren, Lernen und Spaßhaben

Hunde sind am glücklichsten, wenn Herrchen und Frauchen mit ihnen spielen. Deswegen bieten dir diese Karten 55 tolle Spieleideen, Inspirationen und Tipps, wie du deinen Vierbeiner abwechslungsreich beschäftigst – und dabei selbst jede Menge Spaß hast.
Simone Isenberg ist Hundeexpertin mit Leidenschaft. Seit 1998 ist sie als Trainerin aktiv, viele Jahre davon in enger Kooperation mit Martin Rütter. Inzwischen leitet sie ihre eigene Hundeschule und wird beim Unterrichten stets von der treuen Golden-Retriever-Dame Mable unterstützt.

Auch als **E-Book** erhältlich

Simone Isenberg

Mich gibt es nur mit Mable

Wie mich mein Hund zurück ins Leben führte. Eine Borderlinerin erzählt

256 Seiten
17,00 € (D) | 17,50 € (A)
ISBN: 978-3-7474-0349-5

Eine bewegende Geschichte über die heilende Beziehung zwischen Hund und Mensch

Schon als Kind beginnt Simone Isenberg, sich selbst zu verletzen. Als eine Magersucht, komplizierte Liebesbeziehungen und eine schwere Depression folgen, weiß sie nicht weiter. Erst mit der Diagnose Borderline-Persönlichkeitsstörung ergibt auf einmal alles Sinn. Als Simone schließlich ihrem ersten Hund begegnet, ändert sich für sie alles: Endlich spürt sie sich selbst wieder, sie fühlt sich gebraucht und verstanden.
Mit diesem Buch macht sie allen Mut und zeigt, wie man mit der Hilfe anderer Menschen und tierischen Begleitern den Weg zurück ins Leben findet.

mvgverlag